U0021514

費米推論

ロジカルシンキングを
超える戦略思考

フェルミ
推定 の技術

日本暢銷商業作家

高松智史 —— 著　陳嫻若 —— 譯

TAKAMATSU Satoshi

最強的
商業思考！

學會估計 **市場規模**，
快速估算未知數字的思考模式。

經營管理 184

費米推論：

最強的商業思考！學會估計市場規模，快速估算未知數字的思考模式

作　　　者　高松智史
譯　　　者　陳嫻若
責 任 編 輯　林博華
行 銷 業 務　劉順眾、顏宏紋、李君宜

總　編　輯　林博華
事業群總經理　謝至平
發　行　人　何飛鵬
出　　　版　經濟新潮社
　　　　　　115台北市南港區昆陽街16號4樓
　　　　　　電話：(02)2500-0888　傳真：(02)2500-1951
　　　　　　經濟新潮社部落格：http://ecocite.pixnet.net
發　　　行　英屬蓋曼群島商家庭傳媒股份有限公司城邦分公司
　　　　　　115台北市南港區昆陽街16號8樓
　　　　　　客服務專線：02-25007718；25007719
　　　　　　24小時傳真專線：02-25001990；25001991
　　　　　　服務時間：週一至週五上午09:30-12:00；下午13:30-17:00
　　　　　　劃撥帳號：19863813；戶名：書虫股份有限公司
　　　　　　讀者服務信箱：service@readingclub.com.tw
香港發行所　城邦（香港）出版集團有限公司
　　　　　　香港九龍土瓜灣土瓜灣道86號順聯工業大廈6樓A室
　　　　　　電話：852-2508 6231　傳真：852-2578 9337
　　　　　　E-mail：hkcite@biznetvigator.com
馬新發行所　城邦（馬新）出版集團Cite(M) Sdn. Bhd.（458372 U）
　　　　　　41, Jalan Radin Anum, Bandar Baru Sri Petaling,
　　　　　　57000 Kuala Lumpur, Malaysia.
　　　　　　電話：+6(03)-90563833　傳真：+6(03)-90576622
　　　　　　E-mail: services@cite.my
印　　　刷　漾格科技股份有限公司
初 版 一 刷　2024年3月28日

城邦讀書花園
www.cite.com.tw

ISBN：978-626-7195-62-8、978-626-7195-63-5（EPUB）　　版權所有‧翻印必究

定價：500元

鍛鍊你的商業格鬥技

齊立文

　　第一次讀到費米推論，是在一本叫做《如何移動富士山》的書裡，英文版是 2003 年出版的，距今已經超過 20 年了。當時的賣點是，包括微軟在內的許多大企業，在面試人才時，有一類考題是長這樣的：全美國有多少加油站？全世界有多少鋼琴調音師？為什麼人孔蓋是圓的？……等等。

　　乍看之下，這些題目又怪又難？值得寬慰的是，提出費米難題的公司和面試官，都會解釋說，這些問題的重點不在於找出正確解答，甚或是算出精準數值，而是要從解題的過程中，了解答題者想事情的「邏輯」，透過哪些方式抽絲剝繭，在沒有參考資料，或 Google（現在應該改成 ChatGPT）的協助下，推導出合理的解答或解方。

　　不過，我要坦白說，每每讀到與費米推論相關的書籍或章節，很多費米難題我都答不太出來，下意識地覺得好難，也就此停止了思考或想像。即使看到解答之後，我可能也還是會自我懷疑，這些解法都言之成理，問題出在於：我根本想不出來啊！

　　以本書《費米推論》當中的例子來說，在拆解「健身房的單店營業額」這個題目時，作者總共列出了以下 4 種可能的解法：

1. 【單店的平均會員數】×【月會費】×「12 個月」;

2. 【累計使用人數】÷【使用頻率】×【月會費】×「12 個月」;

3. 【健身房容留人數】×【周轉數】×【月營業日數】÷【使用頻率】×【月會費】×「12 個月」;

4. 【男用或女用投幣式寄物櫃數】×「2(男,女)」×【周轉數】×【月營業日數】÷【使用頻率】×【月會費】×「12 個月」。

就我原有的程度而言,直覺想得出來的是第一道算式,我覺得困難的、想不到的,則是其他三道算式。我想這也是本書的用意,學會費米推論的技術(費米推論=【因數分解】+【值】+【講述技巧】)讓我們遇到難題時,非但不用瞎猜,還可以快速做出合理範疇內的推測。

讀到這裡,不知道你會不會跟我一樣,也是我在一開始閱讀本書時,久久困惑不已的疑問:學會費米推論以後,到底有什麼好處?答得出費米難題,證明我具備什麼能力或潛質?答不出來,又說明我欠缺了什麼嗎?

針對答不出來這部分,一方面大可以把費米推論斥之為無意義的考題,刻意刁難人,就算答出來,也不保證就是好人才,確實也有些企業開始捨棄這類面試考題。但是我想從另一方面來反思:為什麼我只想得出來第一層?為什麼要進到第二層或更多不同的角度,我就卡住想不出來,還是我就放棄不想

想了？

　　按照作者對於費米推論的定義：針對未知的數字，依據常識‧知識，運用邏輯，進行計算。如果在回答費米難題上受阻，會不會是少了常識和知識，也缺乏邏輯思考的能力？

　　針對回答得出來的部分，讀完這本書，我覺得費米推論可以鑑別出來的能力，是商業思維的能力，也就是作者說的，費米推論不是「算數」，而是「商業」。回到上述健身房單店營業額的「因數分解」，我們可以看出健身房的獲利方程式，也掌握了健身房的商業模式和經營邏輯。

　　身處在高速變動的環境裡，我們遇到陌生、困難問題的機率，只會愈來愈高，在標準答案尚未成形的情境下，我們可以透過本書引介技術的演練，反覆鍛鍊思考的肌肉，進而精通費米推論。但是更重要的是，在強化費米推論力的同時，我們也同步在洞悉商業的本質和底層邏輯，持續增加「商業界的綜合格鬥技能組合」。

（本文作者為《經理人月刊》總編輯）

你覺得台灣有幾間 7-11 ？

──教你如何推算未知的數字，練出不可取代的商業敏感力

顧家祈

「你覺得台灣有幾間 7-11 ？」

假設你正在面試 MBA 或是顧問公司，聽到這個問題第一個念頭會是什麼？如果能用網路，第一件事就是 Google 看看有沒有答案。但其實面試官在詢問這題，並不是希望你「背過」答案或是「查得到答案」，他們更希望你在不知道正確答案的情況下，可以透過邏輯分析和累積的知識常識，給出一個合理的公式、套用已知的數據，算出一個範圍或是一個大概的數字。

這樣的過程就是「費米推論」，本書作者給了一個相當精確的定義：針對未知的數字，依據常識‧知識，運用邏輯，進行計算。

很多人聽到費米推論問題時，心中會想：「問這個做什麼？」然後會開始侷促不安，因為費米問題常常沒有標準答案，而我們從小都被訓練回答擁有唯一答案的問題。

在作者的引導下，你會發現費米推論「被破解了」，原本覺得沒有頭緒的問題，透過「因數分解」、「田字格」等技巧，可以一步一步拆解成已知、容易取得數字的分項，再利用「加

權平均」就可以計算出一個大概的值。

這個值正確與否，其實沒有那麼重要！因為詢問你費米推論問題的那個人，常常更希望聽到你的「推論過程」跟「講故事的能力」。

回到開頭的問題：「你覺得台灣有幾間 7-11 ？」

套用作者「因數分解」技巧，可以先分解：台灣總人數＝7-11 的店數 × 7-11 的密度（人數／店）。我們知道台灣大概有 2,300 萬人，所以問題簡化成了估算 7-11 的密度。

那麼一間 7-11 大概可以服務多少人？不清楚沒關係，我們繼續來估算：都會區白天一小時平均抓 20 組客人，夜間 10 組客人，算起來每天有 16 × 20 + 8 × 10 ＝ 400 人；但不是每個人都會去 7-11，假設是 1/5 的人會去 7-11，那麼一間 7-11 涵蓋的對象就是大概 400 × 5 ＝ 2,000 人／店。

所以如果全部是都會區，全台灣大概就會有 2,300 萬／2,000 ＝ 1 萬間店，這個就可以當成我們的上限。

但因為台灣並非都是都會區，我們就運用「田字格」技巧，設定 800 萬人在都會區、1,500 萬人在非都會區；假設非都會區一間店可以服務都會區五倍的客人，所以密度是 2,000 × 5 ＝ 10,000 人／店。透過加權計算：台灣的 7-11 總數＝都會區 7-11 總數＋非都會區 7-11 總數＝ 800 萬／都會區密度＋ 1,500 萬／非都會區密度＝ 800 萬／2,000 ＋ 1,500 萬／10,000 ＝ 4,000 ＋ 1,500 ＝ 5,500

網路上 2023 年 12 月底，7-11 店數有 6,859 家，跟推論有差距！

但請注意，就算數字對不上也沒關係，因為你已經成功把原本的問題拆解成了「都會區／非都會區」的「7-11 密度」跟「人口數」，充分地展示自己將「未知數字」分解為「已知數字」的能力。

以上的推論過程，如果能夠加上「說故事的能力」就更好，例如告訴面試官每小時 20 組客人這個數字，是觀察到白天 7-11 大概 1～5 分鐘結帳一位客人，平均算 3 分鐘，除下來一小時就是 20 組客人，結合自身經驗（就算你沒有真的去計算過客人的數量）可以更讓人印象深刻。

在未來的世界中，「有標準答案」的工作機會將會越來越少，因為那些事很容易被 AI 取代。與此相對，擅長進行「費米推論」的人會得到更多的機會，因為他們擅長面對不確定的挑戰，擅長分解問題、進行估算，也會更容易修正錯誤、回饋後得到更精準的答案。

當你下次遇到「費米推論」問題時，記得運用本書提供的技巧，好好展示「面對沒有標準答案的問題還能從容應對」的能力，絕對會讓提問者印象深刻、使你脫穎而出！

（本文作者為斜槓創業家／ AI 學習專家，

金融新創公司 hiHedge 創辦人暨 CEO）

我想傳授「費米推論」
這個神奇的思考技術給大家。

從這個念頭出發，我寫了這本書。

首先，想要成為顧問的朋友，
以及，已經是顧問的朋友，
費米推論是必修科目，
請直接把本書放進購物車內結帳。
然後，在咖啡館裡苦讀1小時。
快速學會新的「思考技術」。
請務必在個案面試和顧問工作中活用它。

接著，我們進入正題。

各位職場工作者，請聽我說。

大家都誤解了費米推論！

它一直遭到誤解。想必各位也是。

誤解1）大家是不是覺得「日本有幾根電線桿？」之類的「頭腦
　　　　體操」，與商業無關，甚至根本不重要？
誤解2）不如說，費米推論只是在顧問公司面試時需要用吧？
誤解3）退一百步來說，就算很重要，也只適合那些喜歡「算
　　　　數」的人吧？

以上，全都是誤解。

誤解的程度已到了悲劇的地步。

因為這種誤解，費米推論被掃到角落去。

真是太悲哀了。

但是，在工作的最前線，策略規劃和事業計畫自然少不了費米推論，新事業的開發也用得到。不如說，「能夠拿出成果」的顧問、企業家，不用我多說，「自然而然」已經把費米推論應用得風生水起了。

· 掌握今後市場環境的變化，應該採取何種事業策略呢？

· 即將發表的新商品，它的潛在市場有多大？

· 執行專案時，要花多少個「人月」？

這些問題，如果沒有費米推論的技術作為基礎，全都無法「正確」解答。而且那些由於商業本能而懂得費米推論的高手，「自然而然」就會運用它，周圍的人很難模仿。也很難請對方教導。

他們也不會好好教你。太浪費時間了。

更重要的是，世界上並沒有以「商業上可運用的程度」而寫成的費米推論書籍，所以變得更難學會。

但是，這種時代結束了。
我已為它劃下句點。

這次出版社 Socym 公司找到了我，給我寫這本書的機會。我也將我原創的「費米推論的技術」，在篇幅允許之下傾囊相授。

不過，正因為是這個主題，有些人可能會質疑：「會不會很難？」「真的能從頭到尾讀完嗎？」請放心，我在書中為各位加入了大量的「愛與想像力」。

具體來說，我會用說話的口氣將過去在課堂上講過「兩千次以上」的內容（因此也是我的精髓），以「1 對 1，對各位單獨講課」的方式寫作。

只要快速翻閱一下，應該就能立刻感受得到。書中有各種設計，絕對不會讓你覺得「讀過之後也不會有任何改變」，千萬不要擱在書架上，請馬上打開這本書吧。

接下來，說明本書的結構。

畢竟一本書，結構就是一切啊。

首先，本書總共分為「8 章」，對各位來說是個未知的世界，所以，內容的安排會讓大家躍躍欲試，自然地湧出「想讀」「想學」的能量。

我稱之為從「浪漫」到「技術」。

首先是「浪漫」。

【第1章】
「費米推論竟然這麼深奧！不就是單純的因數分解嗎？」（冒險的預感）
【第2章】
「解法可以這麼性感！」（至高點的確認、憧憬的形成）

接著是「技術」。

【第3章】～【第5章】
「原來如此！技術，可以完全重現！」（學習技術）
【第6章】
「嗯嗯，在商業上能做這麼多應用啊！」（技術的應用）

各位認為如何？是不是開始摩拳擦掌了呢？

應該會吧？

謝謝。

最後，請讓我從不同的角度，說明並總結費米推論。

不用我多說，社會的改變非常大，事業的形態也天天在進化，與過去大不相同了。過去的正攻法已行不通了。過去，只要把以往成功的方法當成「正確答案」來攻防就行了。可說是「有解答的比賽」。

然而遺憾的是，現在已經不同了。

因為我們進入了「沒有解答的比賽」的時代。

不過，請放心。

我們已經在新時代準備好了在「沒有解答的比賽」中獲勝的技巧，那就是本書的主題「費米推論」。

費米推論是什麼？
＝針對①未知的數字，依據②常識‧知識，運用③邏輯，④進行計算

就是對「未知數字」的挑戰。

12

費米推論真的是「沒有解答的比賽」。

從這層意義上來說，希望各位好好練習「費米推論的技術」，繼而在「沒有解答的比賽」中開始學習戰鬥方式，然後習慣於這種「無解答的比賽」。

再重複一次。

費米推論是最強大的思考法，是「策略規劃」「事業計畫」「新事業開發」「未來預測」的基礎。當然，也可以用於轉職到我的母校 BCG 等顧問公司的對策。

歡迎來到費米推論的世界。
我將傳授「武器」，讓你成為一流的商業菁英。

2021 年 7 月　高松智史

目　次

第1章　「費米推論」是什麼東西？

應該如何掌握「費米推論」呢？我會從9個角度解說。不只是單純的「因數分解」，我將帶各位到迷人的費米推論世界。

第2章　費米推論的痛快「解法」故事

奉上體驗費米推論的深奧／樂趣的「8個解法」。讀完本章之後，希望各位產生「為費米推論著迷」的心情

第3章　費米推論是「因數分解」

費米推論由「①因數分解」＋「②值」＋「③講述技巧」構成，第一步，先來研究費米推論的基礎「因數分解」。

第4章　費米推論是「值」

因數分解之後，來對各位不擅長的「值」做科學解析。我先聲明，它會非常囉嗦。認真地完成「無解答的比賽」吧。

第5章　費米推論的講述技巧
——必須表現的「思考方式」
　「工作方法」

不論把費米推論做得如何性感，沒有傳達給對方就沒有意義。如果不能討論，它就沒有價值。

第6章 費米推論的「商業應用」

費米推論既不是「頭腦體操」也不是「個案面試用」，它是超越邏輯思考、絕對能讓商務更明朗化的最強思考工具。

第7章 「鍛練」費米推論的方法

完全學會費米推論之後，介紹這個「鍛練法」。並且附上「嚴選100問」送給各位！

第8章 費米推論與顧問面試

說明顧問業界運用的費米推論。他們會出什麼樣的問題呢？觀點是？用面試官與應試者的具體對話腳本現場解說。

「費米推論」是什麼東西？

第1章

各位聽到「費米推論」這個冷僻用詞，還能拿起這本書來看，我想在此表示感謝。所以，我想請教各位3個問題。

「你覺得費米推論只是因數分解嗎？」「你會認為它只是顧問工作時的工具，在一般工作上用不到嗎？」「你會認為費米推論只有擅長邏輯思考的人在使用嗎？」可能大多數人都對於費米推論有很大的誤解。

第1章中，我將仔細解說費米推論的「深奧」。不但將帶給各位無與倫比的「躍躍欲試感」，甚至會讓你說出「我最近的愛好是費米推論」。我將以此為目標。好了，各位，就讓我們走進嶄新的「費米推論的世界」！

01 費米推論＝ 「邏輯＋常識‧知識」

> 「費米推論究竟是什麼？」接下來將從「科學」來探討。

費米推論＝針對未知的數字，依據常識‧知識，運用邏輯，進行計算。

　　這個定義乃是開宗明義地說明費米推論。雖然老生常談，但各位不覺得它也是個越嚼越香的定義嗎？

　　一開始，容我解說一下為什麼它「越嚼越香」吧。

　　坦白說，費米推論遭到嚴重的誤解。它明明應該比邏輯思考更廣為人知，但是卻給人「無聊」「只適合一部分的人」的負面形象。所以透過第1章，希望讓大家，不對，讓你體會到全新的世界觀。

費米推論原來是這麼深奧有趣！

　　首先，我想用下列形式，從各種角度來說明費米推論的解釋與定義。

費米推論　＝（　　　　　　　）

分解「定義」，
對每一部分進行詳細的解說。

　　鋪陳有點太長了。先來看看吧。

費米推論

＝針對①未知的數字，②依據常識‧知識，③運用邏輯，④進行計算。

　　這個定義由四個元素構成，所以我一個一個分別解說。

①「未知的數字」

　　費米推論是一場「冒險」，如果用漫畫《海賊王》來說，就是航向偉大的航路；用漫畫《HUNTER × HUNTER 獵人》來說，則是前往暗黑大陸的概念。而且在費米推論的世界，也需要對於未知有無止盡的探究心。

「搞懂了就能快速展開工作！但是，有些數字查也查不到」而這場冒險就是尋找、建立這些數字。

　　舉例來說，假設我們打算推出一個新的服務。身為新事業部門的部長，就要推測該服務的市場有多大。這裡需要用的就

是費米推論。又或者你們在思考人生規劃時，會找生涯顧問諮詢，而他也會用費米推論幫你算出「各位今後 50 年會有多少的收入和支出」。

不只如此。

用周遭的範例來說（不過並不是我個人周遭的例子），「利用配對軟體 Tinder，可以與多少人約會？」也可以用費米推論算出來。

這便是以「技術」推測「未知的數字」。

而它正是費米推論的骨架。

②「常識‧知識」

因為這是一場追尋「未知數字」的「冒險」，需要運用各種手段。在費米推論的世界中，沒有魔法杖，有的只是各位腦中的「常識‧知識」。

運用所有的「常識‧知識」。

不僅需要運用你已有的工作、商務經驗，也包含日常生活中的經驗，真可以說是賭上各位人生的戰役。

至於該如何運用常識‧知識？接下來我將稍微具體的說明一下。

假設有個想開「咖啡店」的朋友來找你諮詢，於是你決定參考附近的星巴克，推測它 1 天的營業額。這便是「費米推論」發揮所長的時候。

所以，這裡請各位務必回想一下，腦中與「星巴克」相關的「所有常識‧知識」。

> ‧1 杯星巴克咖啡的價錢
> ‧星巴克座位數
> ‧每個時段的人潮狀態
> ‧內用、外帶的比例

這些在生活中不知不覺就知道的事，就是可使用的知識，因此會成為推測「未知數字」的提示。如果不知道星巴克的情況，用路易莎或怡客也沒有關係。它都會成為常識‧知識。

這是一種全心全意回想自己的人生，從中榨出常識、知識的做法。即使數字不正確但「大致是這種感覺？」將會成為你的武器。

這裡再稍微深入說明一下。

我們要打倒的對手是「未知的數字」，未知的數字就是查也查不到的數字，所以你算出的數字的「最後兩位數」等等，從整體來看就是「誤差」。如果你算出的結果是「幾億」級的一個數目，那麼後面的「幾萬幾千」的零頭就是誤差，完全不用去管它！

當然，在工作上，有些案子是要用費米推論將未知數字算到「相當程度」的準確，以便做出重大的決定。在這種情況下，還會依據那個數字進行消費者問卷調查，抓出更精確的數字。但是如果是參加顧問公司的「個案面試」時，就真的只能用你腦中所有的常識、知識，來解出答案了。

所以，費米推論被稱為「商業界的綜合格鬥技」。

因為費米推論是「技術」，
所以全部都可以解說！

我們繼續說明第 3 點和第 4 點！

③「邏輯」

一聽到邏輯就想把書合上，是嗎？那就把它看成以下的定位即可。

> ・朝著「未知的數字」目標
> ・隨身攜帶「常識・知識」等裝備
> ・沿著「邏輯」之「路」前進，直到目標為止。

為了計算出「未知的數字」，該走哪條路才對呢？它就是「邏輯」，也就是「因數分解」。

④「進行計算」

最後一關是計算。這和邏輯一樣，又是令人很想合上書是吧。但是，請聽我說。這裡說的計算並沒有微分、積分或是 $\sum$，只要運用「加」「減」「乘」「除」的四則運算就可以。

費米推論是四則運算。

我再強調一次。

費米推論＝針對未知的數字，依據常識・知識，運用邏輯，進行計算。

這是正面所見的費米推論。學習過費米推論的人，應該也是從這個角度學習。

那麼接下來的這一整章，我們還要「從上面」「從下面」「從側面」來看看費米推論。

各位的冒險從此開始！

注：請大叫一聲「我會成為費米推論之王！」，然後進入下一節。

02 費米推論＝「無解答的比賽」

從「不同」角度看費米推論

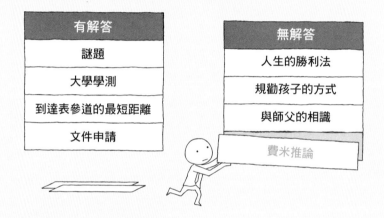

有解答
謎題
大學學測
到達表參道的最短距離
文件申請

無解答
人生的勝利法
規勸孩子的方式
與師父的相識
費米推論

費米推論＝無解答的比賽

這是鑽研費米推論必須理解的大原則。

附帶一提，它的相反詞是「有解答的比賽」，代表性的例子是大學學測，是一種可以從回答來判斷「答對！答錯！」性質的事物。

但是，費米推論卻不一樣。費米推論是在追求「未知的數字」，所以沒有解答。把算出的答案給第三者看，也無法判斷「這個數字答對了！」

不只是費米推論，顧問的工作、運動、或商業書的寫作，都是「無解答的比賽」。

然而，一般人一直到大學入學考試為止，基本上參加的都是「有解答的比賽」，所以很多人沒有學過／了解「無解答的比賽」的戰法。因此，我先解釋「無解答的比賽」，然後再說明如何套用在費米推論。

▌首先，先了解「無解答的比賽」的戰法吧

如果是「有解答的比賽」，過程等等都不重要，只要答案正確就行了。也就是有「標準答案」可以參照。所以「有解答的比賽」的論點在於如何更快且正確地導向答案。

另一方面，「無解答的比賽」中並沒有終極目標的「答案」，比賽的性質也不同，所以，換句話說，重視效率性的戰法完全派不上用場。

這樣的話，「無解答的比賽」該如何戰鬥比較好呢？

其實很簡單，只要意識到以下三點就 ok 了。

①「過程很性感」＝
從性感的過程得出的答案也很性感
②「建立兩個以上的選項，從中選擇」＝
比較這些選項，選「比較好」的那一個
③「炎上、討論不可少」＝
討論是大前提，有時非得炎上（猛烈批判）不可

說得更簡單點，是這種感覺↓

因為沒有解答，所以需要過程
因為沒有解答，所以要比較
因為沒有解答，所以要討論

一經提點，應該不少人可以理解了吧。不過很遺憾，由於經歷過太久的考試戰爭，還是很多人無法領悟。因此很多人對費米推論的理解都還停留在「只要因數分解就行了」的粗淺認知，沒有應用在實際的工作上。

另外「性感」（sexy）的意義，可以把它想成是「最棒」、「最好」。

不喜歡「性感」一詞的讀者
可以用「神奇」來代替。

將「無解答的比賽」的戰法，投射到費米推論吧

將這 3 個戰法套用在費米推論上，結果會怎麼樣？
我把它整理得更詳盡，請往下看。

①「過程很性感」＝
從性感的過程得出的答案也很性感

在費米推論中，即使自己心中精細地計算過，但是在工作中進行費米推論時，並沒有解答，光靠那個答案也無法判斷。因此，只能從因數分解的建立方法、常識・知識的置入方法等過程來評價。如果以很漂亮的「因數分解」和很漂亮的「常識・知識」置入方法等來計算，得出的答案也會「很漂亮」。

換個說法，在個案面試中作為試題的問題，用費米推論算過之後，就用谷歌搜尋看看，「如果數值很接近 → 完成！」這樣的想法就真的是爛到家了！本書雖然示範費米推論，不過並不會去搜尋現實的數字，刻意「調整」。因為我希望大家習慣「無解答的比賽」。

重點在於過程。

②「建立兩個以上的選項，從中選擇」＝
比較這些選項，選「比較好」的那一個

　　「無解答的比賽」的意思是沒有絕對的標準，所以，費米推論也是同樣的道理。

以費米推論來說，核心還是在因數分解。

　　所以，請想出兩個以上的「因數分解」之後，再從中選擇。只想出一種因數分解，然後說「我算出來了」，是絕對絕對不行的。

③「炎上、討論不可少」＝
討論是大前提，有時非得炎上（猛烈批判）不可

　　「無解答的比賽」的意思是，一旦讓關鍵人物（顧客或主管）感覺「眼睛一亮」「點頭稱是」的話，就水到渠成了。

　　所以，為了形成這種結果，討論是必須的。如果有必要的話，甚至需要吵吵嚷嚷的辯論，即「炎上」，對方才能真正的接受。

　　總而言之，費米推論最大的目的，並不在「得出數值」，而是必須有支柱去建立「討論的平台」。

　　不過，這裡的「炎上」並不是社群媒體中的炎上，而是取「爭論、辯論」之意，用顧問的話來說，類似「案件炎上（激辯）」。

　　最後，再教你們一個終極訣竅來結束本節吧。

費米推論是「無解答的比賽」。
實踐時請把這句話掛在嘴邊。

03 費米推論＝ 「因數分解＋值＋講述技巧」

將費米推論「因數分解」， 就能看到構成的要素

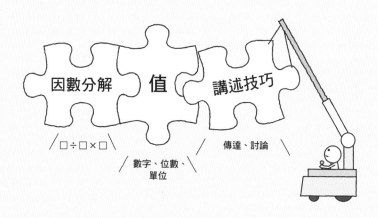

費米推論＝【因數分解】＋【值】＋【講述技巧】

　　把費米推論也因數分解一下，就能得出 3 個因數（即構成要素）。如果學會了這 3 個要素，就能按正確的流程進行費米推論。當然，本書就是遵從這個結構進行的。

因數分解＝第 3 章
值的製作＝第 4 章
講述技巧＝第 5 章

附帶一提，我最喜歡第 5 章。

另外，第 1 章和第 2 章中，我希望各位好好感受費米推論的世界，所以刻意把技術論挪到第 3 章才開始。也許有點兜圈子，不過，為了真正精通「費米推論」，前兩章算是重要的助跑，請各位千萬不要略過。

對了，在學習費米推論的過程中，有不少人會想同時學習上述 3 個要素，但是我個人並不建議這麼做。

因為，學習「因數分解」時，會擔心「值」的正確性，你學「值」的時候，又會開始在意「因數分解」。等到計算出來時又想立刻結束，並不想學會「講述技巧」。

這麼做，很容易會走向最糟的發展。

於是，並沒有用心「探究」答案，
只在粗淺的理解中結束這一題。

因此，請特別注意以下 3 大部分。

> ・因數分解＝「結構」「因數」「驅動因數」（driver）
>   「KPI」
> ・值＝「內容」「數字」「位數」「單位」
> ・講述技巧＝「傳達」「討論」

04 費米推論＝「現實的投射」

費米推論不是紙上談兵，而是現實世界的切片

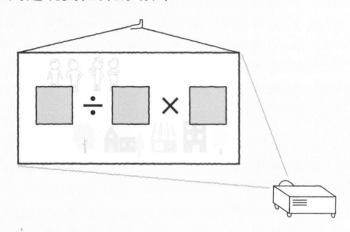

費米推論＝現實的投射

也許這句話聽起來很陌生，不過它是個重要的切入點，可與「無解答的比賽」媲美的程度。

我用一個具體例子說明一下。

? 按摩椅的市場規模有多大？

那麼，就來進行因數分解吧。但是因數分解的做法還沒教，只要各位能感覺「原來是像這樣投射現實啊」那就對啦。而且請一邊觀察因數分解的變化（進展），一邊試著感受現實

的投射。

> 未做過「現實投射」的按摩椅市場規模的因數分解
>
> ＝【旅館等設置按摩椅的設施數】×【按摩椅的單價】

假設「按摩椅市場規模」的因數分解是這麼解，那麼它對
於按摩椅在社會中的分布是怎麼想的呢？

我猜是這麼想的：

- 旅館裡有「1張」按摩椅，它不會放在男用或女用大浴場的更衣間裡（因為只有 1 張），而是放在旅館入口附近的地方。
- 而且，每天會使用數十次，因此每年「汰舊換新」（並沒有除以耐用年數）。

這種狀況跟我們居住的日本很不相同。從日本按摩椅市場的意義來說有缺陷，並沒有投射現實。

所以，我們反向思考，想想在日本是如何使用按摩椅的？按照我的常識‧知識，會是這樣：

- 旅館裡會有「至少 2 張」按摩椅，男用和女用浴場的更衣間都至少有 1 張。
- 幾乎沒有人使用，所以幾年，或許 5 ～ 10 年「汰舊換新」一次。

這個「現實」投射在因數分解，會怎麼樣呢？

看看以下這個因數分解，就能看出差異。

做過「現實投射」的按摩椅市場規模因數分解

＝【旅館等設有按摩椅的設施數】

×【1 設施的按摩椅數】÷【耐用年數】

×【按摩椅的單價】

各位感覺如何？

像這樣「更接近現實」就稱為「現實的投射」。

05 費米推論＝「商業模式的反映」

「現實的投射」之後，接著學「商業模式的反映」

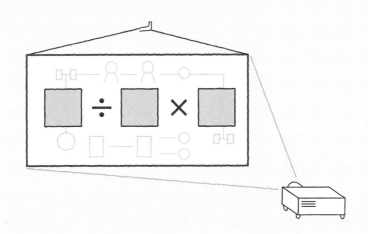

費米推論＝「商業模式的反映」

「商業模式的反映」雖然也是「現實的投射」的一種，但是它很重要，所以特別拿出來仔細說明。

假設試題如下：

? 請推測某咖啡店的營業額。

首先，進行因數分解。

某咖啡店的營業額

＝【單日來客數】×【客單價】× 365 天

　　動腦的方式和先前解說的「現實投射」一樣，而這次，我們的焦點不是「現實」，而是目標的「商業模式」。

　　從上述的因數分解，可以想像這家咖啡店是星巴克之類的「普通」咖啡店。

　　那麼，請看看下面的因數分解。

某咖啡店的營業額

＝【會員數】×【月額會費】× 12 個月

　　我們把這家咖啡店想成非一般的咖啡店，想像它採取不同於一般咖啡店的商業模式經營，可能就是最近偶爾會看到的「月額制無限暢飲咖啡」。這題的動腦方法連接到因數分解的精髓（細節請看第 3 章！）。

　　最後我想說一個至關重要的關鍵，來結束本節。

　　不是用算數的思維去想「做了因數分解就行了」，而是，

它採取什麼樣的商業模式？

連這點都考慮到再進行因數分解就對啦。

　　希望大家別成為「因數分解的傻瓜」。

＊還有，本書將那些不經思考，認為「反正只要精細的因數分解就行了」的無能人士，叫做「因數分解傻瓜」。

06 費米推論＝ 「疫情前後兩樣情」

▌費米推論的世界也受到 新冠疫情的影響

疫情前 　　　　　　疫情後

費米推論＝疫情前後兩樣情

　　費米推論會投射現實、反映商業模式，也就是說它反映出「社會的變化」。

　　用具體的事例來說明吧。

? 　請推測原宿某珍珠奶茶店的單日營業額。

　　先說結論，即使採取同樣的商業模式，但社會的變化——如新冠肺炎疫情導致的景氣好壞，竟然也會讓因數分解改變。

　　請想像新冠疫情之前，而且是珍珠奶茶風潮正盛的時候。

◉新冠疫情前的珍珠奶茶店

> 原宿某家珍珠奶茶店的單日營業額
>
> ＝【收銀機數】×【1 小時結帳的人數】×【營業時間】×【單價】

疫情前，原宿的珍珠奶茶店在營業時間內，不論何時都大排長龍、永遠客滿。因此，工作人員也極為忙碌，營業額與「1 小時能為多少客人結帳？」有關，因此也以【1 小時能結帳的人數】基礎，建構因數分解。

相對的，在疫情後又該如何因數分解呢？我們來試試看。

◉新冠疫情後的珍珠奶茶店

> 原宿某家珍珠奶茶店的單日營業額
>
> ＝【經過該店前的人數】×【買珍珠奶茶者的比例】×【單價】

因數分解真的如實表現了「社會變化」。

不管 1 小時能結帳〇〇人，只要顧客不進來就沒用，所以因數分解當然也會變化。於是銷售額不再與「1 小時能為多少客人結帳？」有關，而是與「多少人從店門前經過」有關。

費米推論投射了所有的「現實」。

費米推論＝商業模式的反映
費米推論＝疫情前後兩樣情＝反映社會的變化

對了，如果有人還認為「費米推論只要做因數分解就好！」（雖然我想應該沒有了吧），也不用「反省」了，但請你快快「成長」！

跟因數分解傻瓜說再見。

融入「社會變化」的態度，對工作上也很重要

把視角拉高一點，抓住「社會的變化」反映在因數分解——這種思維在規劃「掌控未來」的策略時會成為關鍵。

永遠沒有今年和明年「完全相同」的社會。當然，我也想相信疫情前後沒有什麼變化，但還是改變了。

因此，

別再「因循守舊」認為「應該和去年一樣嘛！」而要燃起能量，思索「有什麼地方與去年不同？」

如果沒有這種態度作為基礎，就沒辦法得到成果。

我想各位已經了解，「無解答的比賽」年年都在增加。
請別再「因循守舊」，樂觀地面對不斷變化的社會吧。

07 費米推論＝不是靠「值」，而是靠背後的「思考方式」「工作方法」決勝負

由於這個比賽「沒有解答」，就靠性感的過程決勝負吧

費米推論＝不是靠「值」，
而是靠背後的「思考方式」「工作方法」來決勝負

　　接下來，容我再進一步說明費米推論＝「無解答的比賽」。

　　前面已經說過，「無解答的比賽」有 3 個戰法，各位忘了嗎？不用特地翻到前面，那太掃興了，我再說一次。

① 「過程很性感」＝

從性感的過程得出的答案也很性感

② 「建立兩個以上的選項，從中選擇」＝

比較這些選項，選「比較好」的那一個

③ 「炎上、討論不可少」＝

討論是大前提，有時非得炎上（猛烈批判）不可

如果過程不性感，費米推論就無法開始，也不會結束。

讓我用具體範例來說明。

假設客戶提出以下的要求。

？ 請評估某項新商品的潛在市場。

要計算未知的數字，所以真的是「無解答的比賽」。

那麼，什麼樣的結果才能讓客戶「眼睛一亮！點頭認同！」呢？

馬上來揭曉答案。

> 對方信任的不是計算出的「值」，而是在整個估算的過程中，我們的「思考方式」和「工作方法」的性感程度，也就是「從頭到尾每一個認真思考、扎實收尾的行動」能獲得信賴，所以才會「認同」我們的答案。

是這樣沒錯吧？

也就是說，不能用「值」是否接近客戶的設定來判斷。

這裡，試舉 3 個具體範例，請各位稍微拉高視角，感受一下實際費米推論的解法中，哪些部分是「性感的」（sexy）。

① 提出 2 個以上的因數分解提供選擇
工作中發生難題時，不要馬上因循「臨時想到的做法」或「過去的方法」，而是摸索出 2 個以上的做法，然後選擇最理想的做法。

② 並非只是一味地因數分解，而是對成為論點的部分做因數分解
主管丟了幾件任務下來時，不要先撿「容易做的事」或「能快速完成的工作」，而是考慮任務的重要性與緊急性，自己決定優先順序，讓作業上分出輕重緩急的節奏。

③ 不要一味地做費米推論，而是時時反思現實
解決問題時，不是馬上採取「一個做法」或「某一人的意見」，當得出答案後，再取得第二方意見，以提高準確性。

這麼做，即使只提出一個費米推論的因數分解，其背後隱藏的崇高思考方式，也會獲得客戶的信賴。

08 費米推論＝「個案面試」

為什麼傳統的「個案面試」，要出費米推論的題目？

市場規模？

BCG

不知道

費米推論＝個案面試

顧問公司徵人面試時，會用費米推論出題。顧問業界把專案稱為「個案」（case），面試本身也稱為「個案面試」。個案面試中最常出題／運用的就是費米推論。

那麼，用費米推論可以看出什麼？

首先，我想先說明各位經常抱持的誤解。

費米推論因為要做因數分解或計算，所以很多人以為是在考「計算速度」或「邏輯思考」。而且事實上，也許在面試官

當中也有人這麼認為。

但是，原本不是這樣。

各位已經從各種角度看過費米推論，應該會有「它不只是看計算能力吧？」的感覺。

費米推論　＝（　　　　　　　　）

請讓我用前面說明的（括弧）和配套，說明「具體來說，它鑒別出什麼樣的能力」。

以下，我整理了面試官關注的論點與費米推論定義之間的關連。

・**費米推論＝「邏輯＋常識・知識」**
當然，是否具有最基本的「邏輯」？

・**費米推論＝「無解答的比賽」**
顧問要直接面對「企業抱持的問題」，並不是要對這些問題「立刻給出答案」，而是看他們能不能對抗「無解答的比賽」？有沒有這方面的素養。

・**費米推論＝「現實的投射」**
在解決問題時，能不能「結合現實，實際的」思考，而不是「紙上談兵」？

・**費米推論＝「商業模式的反映」**
在捕捉事態時，是否不只注重「表面」，還能對「內在的架構」有興趣，加以思索？

・**費米推論＝「值＜思考方式→工作方法」**
顧問工作追求的「性感」的工作方法，是否已經具備了？

上述種種，各位覺得如何？

用費米推論來出題，真的是可以從各種角度，來判斷面試者是否合格。

09 費米推論＝「浪漫」

從費米推論中感受到了嗎？
愛上浪漫、深奧的預感

費米推論＝浪漫

　　經過多面向了解費米推論之後，相信大家應該會感覺「如果能徹底搞懂它，一定會有所改變！」的浪漫。所以，這一節我將利用一個範例，解釋我所認為的「浪漫」，作為第1章的收尾。

> 你被叫進會議室，懷著忐忑不安的心情。是的，今天是顧問公司的面試，而且是初試。
> 走進會議室後，厚重的長桌前擺了四張椅子。
> 你被領到上座的位子坐下，那裡放著愛維養礦泉水。

「請稍候，」接待員這麼說。你等了 5 分鐘。

隨著叩叩的敲門聲，面試官走了進來。

稍微打破僵局後，面試官說：

「話不多說，立刻進入個案面試吧。我看看，題目是：這個會議室能裝進多少顆足球？計時 5 分鐘，請慢慢想。」

面試官起身，走出會議室。

問題本身很簡單，也就是「在某個會議室裡，可以放進幾顆足球？」

如果各位接到這個題目，會用什麼感覺進行費米推論呢？

請實際思考一下再往下看，也許會感到更加浪漫。

▌那麼請看一個回答例！

可以裝進 2 萬顆足球。

怎麼計算的呢？ 就單純的用

【房間的大小、容積】÷【1 個足球的體積】來思考。

房間大小和足球體積各為 320m³、0.014m³，算出來是 22,857 個。

粗略算成 2 萬個。

各別的計算方式說明如下。

【房間的大小、容積】，當然是【長】×【寬】×【高】，分別是 10 公尺、8 公尺、4 公尺，所以是 320 m³。

【1 個足球的體積】

用算數中【$4\pi r^3/3$】求解。

足球的半徑是 15 公分，

計算之下為 14,130cm³，也就是 0.014m³，

320m³ ÷ 0.014m³，等於 22,857 個

猛一看，這個回答似乎很正確……然而，從結論來說是錯了。不只如此，還是個非常令人「不舒服」的答案。

為什麼？

簡單說明如下。

【房間的大小、容積】= X

【1 個足球的體積】= Y

這麼一來，就會變成下面的結果。

「這個會議室能裝下幾個足球？」= X/Y

剛才說這個回答有些地方讓人「不舒服」吧。

我來解釋一下。

Y =【1 個足球的體積】

你用【$4\pi r^3/3$】的公式精細地算出來。

X =【房間的大小、容積】即【長】×【寬】×【高】

這是單純的計算，但是沒有扣掉會議室內的桌椅的體積，因此是粗略的計算。結果造成你分母和分子的「計算的精細度」不一致了。

就是這裡令人「不舒服」。

並不是計算得越精細越好，這便是費米推論浪漫的地方。所以，接下來修正一下，讓各位看看「精細計算的做法」和「粗略計算的做法」。

◉ **精細記算的做法**

這個會議室能裝入的足球數量

＝（【房間的大小、容積】－【會議室內桌、椅的體積】）÷【1個足球的體積】

＝（X － Z）÷ Y

Z ＝會議室內桌、椅的體積

◉ **粗略記算的做法**

這個會議室能裝入的足球數量

＝【房間的大小、容積】÷【1個足球的體積】

＝ X ÷ Y'

Y'＝將足球看成「立方體」，不使用【$4\pi r^3/3$】的公式，單純只用【長】×【寬】×【高】計算。

　　再更講究一點，計算【房間的大小、容積】時的【長】【寬】【高】的數字，也必須用「粗略」來統一，不應該用「8」或「4」等不好除盡的數字，而應該用「10」或「5」。

▎那麼，個案面試中出題的話，該怎麼計算才正確呢？

　　在個案面試時，出了「這個會議室裡，可以放進幾顆足球？」這種考題時，應該根據「對方一開始想查明的是什麼＝對方的論點是什麼？」，再選擇做法。只有抓到了論點，才能針對它給出夠犀利的回答。所以，依照對方論點的不同，兩個答案都可以是正確的。

如果，面試官最初的論點是「你是否具有能夠精細計算的邏輯和計算能力？」當然，就可以回答如下：

> 這個會議室能裝入的足球數量
> ＝（【房間的大小、容積】－【會議室內桌、椅的體積】）÷【1個足球的體積】

如果，面試官最初的論點是「你能不能在沒有正確資訊的狀況下，自己做出假設而進行思考？」，那就這樣回答：

> 這個會議室能裝入的足球數量
> ＝【房間的大小、容積】÷【1個足球的體積】

再者，如果在顧問業界，這家公司的強項是在創意領域的話，面試官最初的論點是「你能答出更獨特的答案嗎？」，那麼，答案也可以改變。

> 這間會議室裝得下「1個」足球，就是世界盃開賽中，放在澀谷109大樓前的那顆大足球。

> 這間會議室裝得下「100萬顆」足球。把足球丟進深海，在壓縮狀態下塞滿的話，大概裝得了100萬顆吧。

這種獨特的答案，也是順著面試官的論點

即使只選擇 1 個費米推論，但把面試官的論點都考慮進去，這樣的回答才是令人「舒服」的回答。

你不覺得這樣其實很浪漫嗎？

一想到自己也能做出這種費米推論，各位同學不覺得躍躍欲試嗎？

本章就在各位了解費米推論的深奧和浪漫中畫下句點。

接下來的第 2 章中，將運用實際問題，從真正的意義上，讓各位體會、感動於性感的解法和動腦方法。

費米推論的痛快「解法」故事

接觸過費米推論的深奧之後，我將引導各位體驗「至高點」（我希望你理解的費米推論）的水準。接下來說明的不是「個案面試的費米推論」，而是介紹 8 個顧問級的費米推論、可以應用在商務等級的「費米推論解法」。

實踐性的技術方面，會在第 3 章以後詳細解說。所以，這裡先撇開技術，請先欣賞費米推論至高點的「景色」。先欣賞再談理解，這就是第 2 章的主題。

01 解開「按摩椅的市場規模」——「存量與流量」的轉換

接下來，將帶各位實際體驗「費米推論的技術」。請欣賞一下至高點的解法。

在第 2 章中，我將一邊解這 8 個例題，一邊說明「實際的解法」和「如何動腦」。一開始，我將運用費米推論的技術，試著去解「按摩椅的市場規模有多大？」這個問題。希望大家在掌握整體流程的同時，也牢牢記住「原來做費米推論時，需要思考得這麼深」。

言歸正傳，題目在此↓

? ‐ 請推測按摩椅的市場規模。

首先，市場規模指的是「全年營業額」。而且，因為此地是日本，所以除非有特別的注釋，否則可以解釋為「日本的市場」。只不過，就算放到全世界，費米推論的技術也並無不同（當然，少了地理常識，費米推論本身的難度也會提高）。

換個說法，就是「按摩椅一年可以賣多少台？」

請盡情欣賞敵人馬力全開、全力驅動費米推論技術的解法。其實我真的很想用 1 對 1 的方式在各位同學面前熱烈地講解，可惜辦不到，所以，我會盡可能用實況轉播的口氣，假裝在各位眼前說給你聽。

好，單純因數分解的話，會是以下的樣子。

> 按摩椅的市場規模
>
> ＝【1 年內購買按摩椅的人數】×【按摩椅 1 台的單價】

光是一句「按摩椅市場」很難想像出來，所以，先做一次因數分解。也就是「量」×「單價」。

特別一提，一般來說較多人認為「單價」×「量」的排列比較順眼。但是，在費米推論當中，論點主要是放在「量」而不是「單價」──因為在「量」方面「能討論、拆解的因數分解」比較多！

接下來，就來進行因數分解了。將「量」×「單價」這個粗略的因數分解，做更進一步的分解。此外，為了較好理解，我將因數分解上下並列，比較容易看出「哪一部分更進一步分解了」。

> 按摩椅的市場規模
>
> ＝【1 年內購買按摩椅的人數】
>
>   ×【按摩椅 1 台的單價】
>
> ＝【持有按摩椅的人數】÷【耐用年數】
>
>   ×【按摩椅 1 台的單價】

我想求【1 年內購買按摩椅的人數】，但是，這個「1 年內」購買的人數很難直接算出來。有沒有其他方法呢？沒有簡易算出的方法嗎？希望各位動動腦筋。而且這個部分，正是希望大家使用費米推論技術的地方。

比起直接計算「1 年內購買人數」，在此，「持有按摩椅的人數」比較好算吧。

● 化為方便處理的形式

【1 年內購買按摩椅的人數】

↓

【持有按摩椅的人數】

不過最終還是要算出【1 年內購買按摩椅的人數】。這裡也要使用費米推論的技術。

【1 年內購買的人數】（流量概念）

＝【持有人數】÷【耐用年數】（存量概念）

【耐用年數】利用「幾年更換 1 次」，將「存量」（stock，持有）轉換成「流量」（flow，購入）。本書中將這種機制命名為「存量與流量的轉換」。

▌那麼，實際算出「值」吧！

說明費米推論的解法之際，「因數分解」會變成「值的做法」，所以，請按這種節奏閱讀。實際上，各位在求解時也會走向「因數分解」→「值的做法」這種節奏。

放入概略的數字，會變成下面這樣：

按摩椅的市場規模

＝【持有按摩椅的台數】÷【耐用年數】

　　×【按摩椅 1 台的單價】

＝ 10 萬台 ÷ 10 年 × 50 萬圓

＝ 50 億圓

　　答案是 50 億圓！你以為可以稍微喘口氣了，但是還不行。因為這 10 萬台的【持有按摩椅的台數】，是憑「直覺」隨便寫的吧？

　　既然這樣，就不能相信這個數字，如果用顧問的用語，或是商業術語來說的話，就是「不舒服」（「這個值令人不舒服」「這個數字得出的方法感覺不對」的意思）。

▍「按摩椅」是誰在哪裡持有呢？

　　以現實的投射而言，實際上在哪裡可以看得到「椅子型」「那麼大的」按摩椅呢？請對照自己的「常識‧知識」想想看。

●法人

　　‧溫泉旅館的「大浴場」休息區
　　‧機場等的「候機室」

●個人（但我沒有親眼見過）

　　‧老式的獨棟透天厝（像是爺爺家可能會有）

全部都算進去也行，但先來思考最大的一塊——「溫泉旅館」吧。其他像是「機場候機室」「透天厝」比較少，先暫時剔除。

> 按摩椅的市場規模
> ＝【旅館等持有按摩椅的設施數量】
> 　　×【1 設施內按摩椅數量】÷【耐用年數】
> 　　×【按摩椅單價】

隨意置入數字的話，就是以下結果。

> 按摩椅的市場規模
> ＝【旅館等持有按摩椅的設施數量】
> 　　×【1 設施內按摩椅數量】÷【耐用年數】
> 　　×【按摩椅單價】
> ＝ 3 萬家設施 × 4 台 ÷ 10 年 × 50 萬
> ＝ 60 億圓

好了，完成。

等等，沒那麼快。這還不能算是「答案」。我想很多人恐怕不太能理解吧。

所以，我想將各位可能不理解的部分，做進一步的因數分解。

各位不理解的部分是【旅館等持有按摩椅的設施數量】吧？

後半的這個部分↓

×【1 設施內按摩椅數量】÷【耐用年數】

×【按摩椅單價】

＝ 4 台 ÷ 10 年 × 50 萬

應該沒什麼太大問題，就當 OK 好了。

接著，我們再進一步因數分解。

溫泉旅館在哪裡？
就這個問題來動動腦筋吧。

溫泉旅館的話，以「溫泉區」為基礎進行因數分解。

按摩椅的市場規模

＝【旅館等持有按摩椅的設施數量】

　　×【1 設施內按摩椅數量】÷【耐用年數】

　　×【按摩椅單價】

＝【溫泉區的數量】×【1 個溫泉區的旅館數量】

　　×【1 設施內按摩椅數量】÷【耐用年數】

　　×【按摩椅單價】

大略置入數字，就是以下結果：

按摩椅的市場規模

＝【溫泉區的數量】×【1 個溫泉區的旅館數量】

　　×【1 設施內按摩椅數量】÷【耐用年數】

　　×【按摩椅單價】

＝ 100 個溫泉區 × 200 家旅館 × 4 台 ÷ 10 年 × 50 萬

＝ 40 億圓

到這裡還沒有結束。

再做一段因數分解。

▎這是最後的「因數分解」。
▎分解到這個地步就可以置入值了。

由於論點＝爭議在【溫泉區的數量】，所以試著以「溫泉區在哪裡？」為根礎做因數分解。

按摩椅的市場規模

＝【溫泉區的數量】×【1個溫泉區的旅館數量】

　　×【1設施內按摩椅數量】÷【耐用年數】×【按摩椅單價】

＝【將溫泉作為賣點的都道府縣數】

　　×【1個都道府縣內的溫泉區數】×【1個溫泉區的旅館數量】

　　×【1設施內按摩椅數量】÷【耐用年數】×【按摩椅單價】

怎麼樣？是不是像在探索「未知數字」的冒險？

把感覺不對的數字再分解，憑著「常識‧知識」暫時放入值的感覺。

好了，粗略地置入數字，就成了以下的結果。

按摩椅的市場規模

＝【將溫泉作為賣點的都道府縣數】

　　×【1個都道府縣內的溫泉區數】×【1個溫泉區的旅館數量】

　　×【1設施內按摩椅數量】÷【耐用年數】×【按摩椅單價】

＝ 30個都道府縣 × 5個溫泉地 × 200家旅館 × 4台 ÷ 10年 × 50萬

＝ 60億圓

總而言之，「按摩椅的市場規模」＝ 60 億圓。

這樣就完結，到達終點了。好長，對吧？

但是，一開始毫無眉目的「按摩椅市場規模」，經由費米推論的技術，就能算出數字。

這便是我希望各位學會，讓事業和人生更光明的「費米推論的技術」。

它絕對不只是算數型的因數分解吧？
只要為之感動，就能 100％學會！

最後，整理成三個像是顧問工作時的重點，希望各位記住（第 2 章每 1 節最後一定會做這樣的整理）。

所以，請放心，不需要隨時記筆記，儘管專心往下讀，在最後的「整理」檢查自己是否理解，就行了。

◉希望各位「體會」和「牢記」的3個重點

①「從存量到流量」是用「耐用年數」當作橋梁。

②「因數分解」在「經過的階段」分解得細一點就對啦。

③「過程」比「值」更重要。算出的「值」只供參考。

因數分解與值的彙總：按摩椅市場規模（旅館）

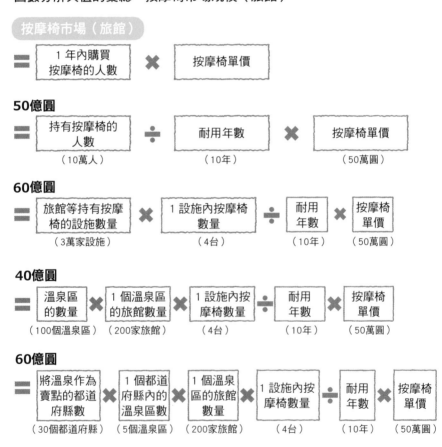

按摩椅市場（旅館）
= 1 年內購買按摩椅的人數 ✖ 按摩椅單價

50億圓
= 持有按摩椅的人數（10萬人）÷ 耐用年數（10年）✖ 按摩椅單價（50萬圓）

60億圓
= 旅館等持有按摩椅的設施數量（3萬家設施）✖ 1 設施內按摩椅數量（4台）÷ 耐用年數（10年）✖ 按摩椅單價（50萬圓）

40億圓
= 溫泉區的數量（100個溫泉區）✖ 1 個溫泉區的旅館數量（200家旅館）✖ 1 設施內按摩椅數量（4台）÷ 耐用年數（10年）✖ 按摩椅單價（50萬圓）

60億圓
= 將溫泉作為賣點的都道府縣數（30個都道府縣）✖ 1 個都道府縣內的溫泉區數（5個溫泉區）✖ 1 個溫泉區的旅館數量（200家旅館）✖ 1 設施內按摩椅數量（4台）÷ 耐用年數（10年）✖ 按摩椅單價（50萬圓）

02 解開「健身房的單店營業額？」——將「累計人數」轉換成「會員數」

充斥街頭的「健身房」，一家店全年的營業額有多少？

下一題請看這裡↓

？ 健身房的單店營業額？

說到健身房，請想像市內車站附近常見的健身工廠或 Anytime Fitness，進行因數分解吧。

當然，如果你想到的是 RIZAP 那種，以一對一課程為主的健身房也沒有錯。

不過，我希望你動腦想一個問題。

那就是「論點的主人」是誰。

舉例來說，如果你是顧問的話，主人就是「客戶」，如果是在職場上，主人就是「主管、他身後的顧客」，如果是個案面試的話，那就是「面試官」。

如果在這個前提下設定以 RIZAP 為例的話，當然沒問題。

那麼，我們繼續。

試做因數分解吧。

健身房的單店營業額
＝【單店的平均會員數】×【月會費】×「12 個月」

結果就是這樣。考慮到健身房的「商業模式」大多是會員制，所以相當吻合。

進一步因數分解。大家都了解【月會費】，所以接著分解【會員數】

和「按摩椅1年營業額」同樣，「會員數」不易直接算出，所以這次也應用「存量與流量的轉換」。

從第2章的一開始，就全力開啟費米推論技術。

因為，本章的目的只有1個！

讓各位感受「一旦精通費米推論的技術，思考的視角會變得廣而且深」，啟發自己主動想學的意願。

我真心認為，不光是顧問和「有意成為顧問」的人，只要是商業人士全都需要懂「費米推論的技術」。所以在本章中，我想讓大家感受費米推論技術的「頂峰」。

回到正題，對【單店的平均會員數】進行「因數分解」

因數分解如下。

> 健身房的單店營業額
> ＝【單店的平均會員數】×【月會費】×「12個月」
> ＝【累計使用人數】÷【使用頻率】×【月會費】×「12個月」

算出「一個月當中『累計』使用次數有多少？」將它除以「每個會員平均一個月來幾次」，還原成「會員數」。

各位不覺得，這種動腦方式很性感嗎？

經人一提，特別有感覺吧。

那麼，置入「粗略」的數字吧

把數字粗略代入如下，就會相當有感吧。

健身房的單店營業額

＝【累計使用人數】÷【使用頻率】×【月會費】×「12 個月」

＝【5000 人】÷【每月 4 次】×【1 萬圓】×「12 個月」

＝ 1.5 億圓

「1 家店能營收 1.5 億圓嗎？還算不錯，不過如果扣掉房租和人事費用，能有多少盈利呢？」直言之，如果是個「有意投入健身房生意的人」，就可以掐指一算，展望一下未來前景了。

一如往常，分解有疑問的部分吧。

既然叫做費米推論的技術，它便有一定的「步驟」。只要遵守步驟和該步驟的注意事項，就能輕鬆上手。

接著，繼續試試看。

論點所在當然是【累計使用人數】，所以，我想再做一次因數分解。「使用頻率如何」端視「健身房有多大」而定，所以，用健身房的容留人數（capacity）為基礎進行因數分解。

健身房的單店營業額

＝【累計使用人數】÷【使用頻率】×【月會費】×「12 個月」

＝【健身房容留人數】×【周轉數】×【月營業日數】

　÷【使用頻率】×【月會費】×「12 個月」

舉例來說，容留人數為 100 人，1 天周轉 3 次，就可以有
300 人使用。當然，有人可能一天來 2 次，不過只是零星個案，
因此捨棄不計。

簡單說，就是一而再再而三的「因數分解→置入值」

粗略地把數字置入如下。

健身房的單店營業額

＝【健身房容留人數】×【周轉數】×【月營業日數】

　÷【使用頻率】×【月會費】×「12 個月」

＝【100 人】×【周轉 3 次】×【20 天】÷【每月 4 次】×【1 萬
圓】×「12 個月」

＝ 1.8 億圓

稍微增加了一點。

多做一層因數分解，變得更容易討論！

「【健身房的容留人數】＝ 100 人、【周轉數】＝ 3 次」，比起「【累計使用人數】＝ 5000 人」來得容易討論。

這是在探究費米推論時，相當重要的感覺。

在【累計使用人數】的基礎下，討論「使用人數有到 5000 人嗎？」有其難度。但是在【健身房的容留人數】的基礎下討論「可以容納 100 人左右嗎？」或是在【周轉數】基礎下討論「周轉 3 次，早、午、晚各周轉一次吧？」確實比較容易。

換個說法，只要有去過健身房的人，大概就會有「容留人數大概是多少」或「擁擠程度大約是這樣」的概念了。這是為何如此分解的原因。

這既是做「因數分解」的方法，
也是費米推論的價值。

完成了嗎？專業人士會更進一步因數分解

機會難得，這裡再揭露更進一級的因數分解吧。

健身房的單店營業額

＝【健身房的容留人數】×【周轉數】×【月營業日數】

　÷【使用頻率】×【月會費】×「12 個月」

＝【男用或女用投幣式寄物櫃數】×「2（男，女）」×【周轉數】

　×【月營業日數】÷【使用頻率】×【月會費】×「12 個月」

　　當然可以用「器材」等來推測健身房的容留人數，但還是「寄物櫃」跟容留人數有更直接關連。所以改成寄物櫃。

　　粗略置入數字如下。

健身房的單店營業額

＝【男用或女用投幣式寄物櫃數】×「2（男，女）」×【周轉數】

　×【月營業日數】÷【使用頻率】×【月會費】×「12 個月」

＝【40】×「2」×【3】×【20】÷【每月 4 次】×【1 萬圓】×

「12 個月」

≒ 1.4 億圓

　　各位覺得如何？

　　藉由更深一層的因數分解，讓討論「變得更容易」。和剛才一樣，討論變得簡單了。

　　比起「【健身房容留人數】＝ 100 人」，「【男用或女用投幣式寄物櫃數】＝ 40 個」比較能用上既有的常識‧知識，而且假如討論的目標是較小型的健身房，這裡再調整就行了。

費米推論就是這樣反覆地進行「因數分解→置入值→進一步因數分解」，讓問題化為容易討論的形式。

真的很有趣，不是嗎？

◉ **希望各位「體會」和「牢記」的3個重點**

① 反覆的「因數分解→置入值→進一步因數分解」
② 用「因數分解」使得「討論變得容易」就對啦
③「從存量到流量」是用「使用頻率」當作橋梁

因數分解與值的彙總：健身房的單店營業額

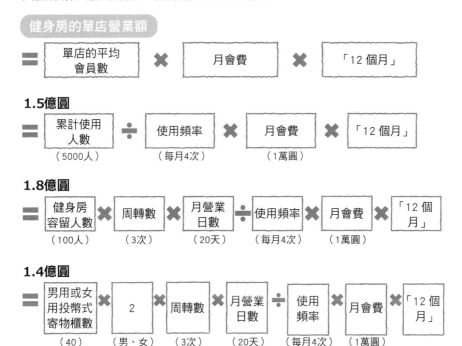

03 解開「籃球人口有多少？」──「沒有人想到的方法」

有時候，因數分解是解法定勝負

大家是不是開始愛上費米推論了呢？

閱讀本書前認為「費米推論全都是計算很無聊」的人，如果改變想法覺得「哦？這麼深奧有趣！」那我會非常開心。

當然，接下來還要讓你「感動」。

題目在這裡↓

> **?** 打籃球的人口有多少？

請先欣賞平庸而兩光的因數分解

看到這一題，大概所有的人都會想出下列的因數分解。

> 籃球人口
> ＝【能運動的目標年齡人口】
>   ×【選擇打籃球作為愛好的比例】

粗略置入數字之後，得出下列的結果。

籃球人口

＝【能運動的目標年齡人口】

　×【選擇打籃球作為愛好的比例】

＝【8 千萬人】×【1％】

＝ 80 萬人

　　這真稱得上是隨處可見的典型「兩光」費米推論。老實說，如果問我為什麼寫這本書，我的典型回答是，正因為這種費米推論到處泛濫的關係。

總而言之，用這個分解法就做不下去了。

為什麼兩光？
乍看好像還不錯啊？

　　為什麼說它兩光呢？

　　因為，這個「【選擇打籃球作為愛好的比例】＝ 1％」的說法，根本無法討論。

　　請想像一下，假設你的主管要籌劃一個與籃球相關的新事業，要下屬「試推測籃球人口」。1 小時後，下屬報告「選擇打籃球作為愛好的比例為 1％的話，有 80 萬人」。

哦，1％怎麼來的？就……感覺啊！
如果你問我是 1％還 2％，我想是 1％！

　　當然不能這麼說吧！

　　世界上幾乎沒有人會認同這種簡直像誤差的數字差。

這裡很重要，我稍微說明一下。

在費米推論中，這種 1% 的個位數字非常「麻煩」，因為 1% 只要加「1%」就會變成 2%，整體的值就會翻倍，但是卻沒有「翻倍的實感」。

正因為費米推論是「無解答的比賽」，所以必須盡力避免這種「不好操縱＝＋1%，結果翻倍！」的數字。

因為，從商業上來說，
翻倍很可能導致重大決策的錯誤。

接下來介紹「性感」的因數分解！

那麼，什麼樣的因數分解才對呢？

就是要考慮籃球這種運動的特性。

1 個人打不了籃球，而且也不好玩。就算是漫畫《灌籃高手》的「小福」獨自打籃球也玩不起勁。但是加入陵南籃球部之後，就似乎樂在其中（沒看過《灌籃高手》的人，請向井上老師說聲對不起）。

可以說，這就是因數分解做法的線索。

當然，因為它是團隊運動，加入團隊才能享受打籃球的樂趣。因此，如果能以社團活動或同好會等的社群為基礎，建構因數分解的話，就會很性感。

實際操作如下。

籃球人口

＝【社團活動或同好會等社群數量】

　　×【隸屬於 1 個社群的人數】

粗略置入數字如下。

籃球人口

＝【社團活動或同好會等社群數量】

　　×【加入 1 個社群的人數】

＝【3 萬個社群】×【20 人】

＝ 60 萬人

接下來，如果想算得精細一點，可以從【社團活動或同好會等社群數量】分解成【小學數量】到【國中】【高中】，各別乘以【社團數】就行了。若是再加上【大學數】，乘以【同好會數＋社團數】就沒問題。

學生籃球人口 OK 之後，接下來換「社會人士」

其實上述的算式留下另一個很大的「不舒服」之處。不舒服指的是「好像還不夠精細」的感覺。

問題出在「社會人也打籃球！」的部分。如果不投射這個現實，就算不出舒服的數字。

社會人的部分也可以用社群基礎，從紮根於地區的「社會人籃球隊」算出結果，可是它雖然掌握了過去「認真打籃球的

人」，卻捕捉不到「一年只打 1、2 次，但是熱愛籃球」的人。

這便是所謂「費米推論是現實投射」的地方。

那麼該怎麼分解才對？

關於社會人，可以這麼想。

・愛好打籃球的社會人，絕大多數是從求學時代持續至今的人。

・比起網球和室內足球，籃球相對少數，只有零星的案例會在走入社會之後，從零開始打籃球。

「社會人」的籃球人口是這麼算的！

首先，分類如下。

籃球人口

＝【學生的籃球人口】

　＋【社會人的籃球人口】

接下來，再思考如下。

【學生的籃球人口】

＝【社團或同好會等的社群數】

　×【加入 1 個社群的人數】

到這裡為止，都和前面說明的一樣。

接下來是「社會人」。

【社會人的籃球人口】

＝【求學最後一年打籃球的人數】

　　×【維持打籃球的最長期間】

　　×【未放棄籃球率】

　　各位認為如何？

　　這種拆解就是個漂亮的因數分解。

　　大學一畢業，立刻和夥伴去借體育館打球。再熱中一點的話，甚至加入公司籃球隊，認真練球。但是，隨著年紀增長，放棄了籃球。

　　這種趨向會反映在因數分解上。

照例到了「粗略置入數字」的時間

　　粗略放入數字，就產生下列的結果。

【學生的籃球人口】

＝【社團或同好會等的社群數】

　　×【加入 1 個社群的人數】

＝【3 萬個社群】×【20 人】

＝ 60 萬人

【社會人的籃球人口】

＝【求學最後一年打籃球的人數】

　　×【維持打籃球的最長期間】

　　×【未放棄籃球率】

＝【1 萬人】×【20 年】×【50%】

＝ 10 萬人

接著，單純將兩個結果相加。

籃球人口

＝【學生的籃球人口】＋【社會人的籃球人口】

＝【60 萬人】＋【10 萬人】

＝ 70 萬人

得到這個結果。

設定為「20 年」，來自於籃球大約能打到 45 歲的印象。如果要說明得再詳細一點，「比較棒球、籃球、足球、高爾夫球的從事年限，最長的是高爾夫球，最短的是足球。所以會把高爾夫考慮為 35 年，足球 15 年，籃球 20 年。」

◉ 希望各位「體會」和「牢記」的3個重點

① 需掌握「籃球」這類主題的「特性」（＝團隊運動）再選擇分解的方法
② 一旦跑出「個位數的比例（％）」就是危險信號
③ 「費米推論的技術」精彩得令人躍躍欲試！

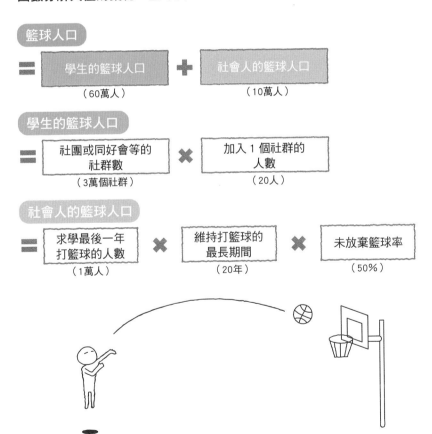

因數分解與值的彙總：籃球人口

籃球人口
＝ 學生的籃球人口（60萬人）＋ 社會人的籃球人口（10萬人）

學生的籃球人口
＝ 社團或同好會等的社群數（3萬個社群）✕ 加入 1 個社群的人數（20人）

社會人的籃球人口
＝ 求學最後一年打籃球的人數（1萬人）✕ 維持打籃球的最長期間（20年）✕ 未放棄籃球率（50%）

04 解開「電鍋的市場規模？」──「田字格」的手法

> ▎這一章是解法的「實況轉播」。
> 不要停頓，順順的往下看。

各位還不到體會「恍然大悟，原來是這麼解！」的地步。第 3 章才會一一解說技術的細節，現在只要沉浸在費米推論的解法就行了。

接下來請看題目↓

? ┃ 電鍋的市場規模？

看到這個題目，會不會很想大叫？

這一題和「按摩椅的市場規模」有幾分相似。我想到了！就是「存量與流量的轉換」，重點是耐用年數嘛！

如果你能想到這點，表示你已經稍微懂得費米推論的技術了。不過，細節部分第 3 章以後再說。現在只要各位能邊讀邊想「如果是我，該如何解？」我就很欣慰了。

所以，這次也要進行「因數分解」！

按照下面的方法解，一定神清氣爽。

2-04 解開「電鍋的市場規模？」──「田字格」的手法

電鍋的市場規模

＝【擁有電鍋的家庭戶數】÷【電鍋的耐用年數】

　　×【電鍋的單價】

然後，粗略地置入數字。

電鍋的市場規模

＝【擁有電鍋的家庭戶數】÷【電鍋的耐用年數】

　　×【電鍋的單價】

＝【4 千萬戶】÷【5 年】×【5 萬圓】

＝ 4 千億圓

　　我們設想每個家庭必定是有一個電鍋，所以並沒有表現在因數分解上。如果想在算數上做得更細緻，再加入【每 1 戶擁有的電鍋數量】，分解成下面的算式也可以。

電鍋的市場規模

＝【擁有電鍋的家庭戶數】×【每 1 戶擁有的電鍋數量】÷【電鍋的耐用年數】×【電鍋的單價】

　　但反正都是 1，用哪個算式都行。

　　進而，如果各位對【電鍋的單價】像家電網紅那樣瞭若指掌，不妨發揮這方面的常識・知識，提出更理想的數值。【擁有電鍋的家庭戶數】部分，雖然假設每一戶 100％ 擁有應該不離譜，但是如果能考慮到「學生獨自生活沒有電鍋」的話，那就更好了。

　　像這樣運用自己的知識或經驗，一面投射現實，同時讓因數分解更進化，是十分重要的。

若要讓因數分解更進化，
最應該留意的是「耐用年數」的值

這裡要關注的是【電鍋的耐用年數】。

假定如下。

【電鍋的耐用年數】＝ 5 年

一律視為 5 年真的沒問題嗎？

當然，【電鍋的耐用年數】就是「何時壞掉」，所以，會依使用的頻率而有所不同。用的次數多，壞得也快，如果放著不用，當然就不會壞。

這裡需要仔細地思考一下。

因此，來做個區塊分割！
——各位第一次看到的「田字格」

這裡，我們用區塊來思考一下。

這次我們用「2 個軸」分割成「4 塊」，在顧問的用語中因為外形相似，稱之為「田字格」。

此外，商業上或個案面試中使用「田字格」，常會讓人們對顧問起反感，大家如果怕被誤會「幹嘛一副顧問口吻？」也可以解釋為「試用 2 個軸分割成 4 塊」。

接下來，立刻用「田字格」來解說。

從使用頻率來看。

- ◉結婚了沒有?
  ＝如果已婚的話,似乎會比「沒結婚」更常自己煮飯。
- ◉有孩子了沒有?
  ＝如果有孩子的話,似乎會比「沒有孩子」更會為了做便當而煮飯。

於是,就有了下列的結果。

第1軸(橫軸)＝已婚、未婚
第2軸(縱軸)＝有孩子、沒孩子

右上象限(已婚、有孩子)＝耐用年數3年
右下象限(已婚、沒孩子)＝耐用年數5年
左下象限(未婚、沒有孩子)＝耐用年數10年
左上象限(未婚、有孩子)＝－(絕對數字應該很少,不計入)

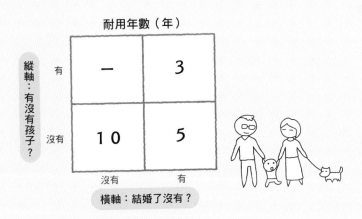

耐用年數(年)

縱軸:有沒有孩子?

有 ｜ － ｜ 3
沒有 ｜ 10 ｜ 5

沒有　有

橫軸:結婚了沒有?

(注意:接下來有點小難度)

接著，各區塊（右上、右下、左下）的家庭戶數比例，分別乘以各區塊的值（耐用年數），就會以「加權平均」算出耐用年數。

這麼一來，比起單純的【電鍋的耐用年數】，用區塊加權平均的【電鍋耐用年數】更有可信度，整體數字的可信度也會提升。

另外，關於「加權平均」的知識，請不用擔心，本書的第4章～第5章會仔細說明。

續・小難度的話題⋯⋯ 試用「加權平均」實際算出數值

這次重要的因數是【電鍋的耐用年數】，它的值可以用「田字格」算出來。

大致得出加權平均的【電鍋的耐用年數】，結果如下。

> 右上（已婚、有孩子）＝耐用年數3年（占總體的25%）
> 右下（已婚、沒孩子）＝耐用年數5年（占總體的25%）
> 左下（未婚、沒孩子）＝耐用年數10年（占總體的50%）
> 左上（未婚、有孩子）＝ －（占總體的0%，因為數字少，填入0%）

然後，加權平均將值乘以結構比例，再加總起來，得出下面的結果。

加權平均的【電鍋的耐用年數】

＝【耐用年數 3 年】×【25%】＋【耐用年數 5 年】×【25%】＋

【耐用年數 10 年】×【50%】

＝ 0.75 + 1.25 + 5

＝ 7 年

簡單地說，如果很多人經常使用，就越接近「耐用年數 3 年」，如果使用率低者的比例越高，就越接近「耐用年數 10 年」。

重新將值置入整個因數分解式計算，得出下列的結果。

電鍋的市場規模

＝【擁有電鍋的家庭戶數】÷【電鍋的耐用年數】

×【電鍋的單價】

＝【4 千萬戶】÷【7 年】×【5 萬圓】

＝ 2,857 億圓

≒ 3 千億圓

這裡，可能差不多到了「難度太高，沒辦法順順看下去」的地步。不用擔心，讀完第 3 章～第 5 章之後，再回頭看第 2 章，應該就會讀得很順的。

最後，將本次學到的內容整理一下吧。

●希望各位「體會」和「牢記」的3個重點

① 「耐用年數」：會計學裡有教過喔
② 第一次聽到：區塊「田字格」
③ 這題計算一定要用上「加權平均」，即使討厭算數也請務必跟
　上！

因數分解與值的彙總：電鍋的市場規模

電鍋的市場規模

4千億圓

| | 擁有電鍋的
家庭戶數
（4千萬戶） | ÷ | 電鍋的
耐用年數
（5年） | ✕ | 電鍋的單價
（5萬圓） |

3千億圓

| | 擁有電鍋的
家庭戶數
（4千萬戶） | ÷ | 電鍋的耐用年數
（加權平均）
（7年） | ✕ | 電鍋的單價
（5萬圓） |

05 解開「便利商店的單店營業額？」 ──「店面開發主任」的心情

小學時老師耳提面命的話 ＝「將心比心」很重要

我們知道第 2 章的「費米推論的解法」，其實是立基於第 1 章的內容。

> ・邏輯＋常識・知識
> ・無解答的比賽
> ・現實的投射
> ・商業模式的反映

是這幾點，對吧。

所以，在閱讀本章時，如果能翻回第 1 章看看的話，就能與我一同漸漸走進「費米推論的世界」。

接下來，我想用的題材，是各位很熟悉、沒有一天不光顧的「便利商店」。請回想常去的便利商店，一面閱讀本節。

題目如下↓

？ 便利商店的單店營業額？

這題不是「便利商店的市場規模」，而是推算「某便利商店其中 1 家店的營業額」。

這次我也要先發表令人遺憾的因數分解

開始思考因數分解時，大半的人都會想用下列的因數
分解。

便利商店的單店營業額
＝【收銀機數】×【1小時結帳的顧客數】×【營業時間】×【客單
　價】×「365日」

然而，遺憾的是，這個解法不論從哪個角度來看都有點
怪。在算數上完全沒問題，但是，再怎麼想它還是怪怪的。

為什麼呢？

我一面解釋原因，一面解答吧。

從現在起，
大家都是便利商店的店面開發主任

各位是「便利商店的店面開發主任」，而且要進行新的展
店計畫。因此，要求顧問推算「便利商店的單店營業額」，並
且得到這樣的答覆。

您好！算出來了！
兩台收銀機，1小時處理10名客人，營業時間除去深夜共
計16小時。假設客單價500圓的話，單日的營業額是16
萬圓。
據此，年營業額為5,840萬日圓！

看到這個回答，各位有什麼感想？

明眼人應該會有下列的反應吧。

不對不對，這算式有問題吧。
收銀機的數量與「來客數」沒有關係呀。

　　毒舌的人說不定還會冒出「蛤？這什麼跟什麼」的話。說起來，在商業上，本來就很少可以計算出「服務了這些人，所以賺到這些錢」。但是對費米推論不求甚解、只想把因數分解做出來的人，就會不知不覺寫出這種不用腦筋、意義不明的算式。

　　可怕可怕，哎呀——太可怕了。

那麼，因數分解該怎麼做才對呢？

　　首先，想像自己是一個店面開發主任。

　　那麼，該怎麼做因數分解呢？得到下列的結果。

便利商店的單店營業額
＝【這家便利商店周圍居住／工作的人數】
　×【這家便利商店使用頻率（週）】×【1 次消費的金額】×
　「52 週」

　　根據這個解法，理想的顧問會給你下列的回覆。

店面開發主任！算出來了！
這家便利商店周圍居住／工作的人數為 1,000 人，利用頻率為一星期 8 次，1 次消費 500 圓，所以一年以 52 週來計算，全年營業額有 2 億 800 萬圓！

感覺清爽多了吧。便利商店的商圈為「半徑 500 公尺」，所以，以這個解法當作基礎似乎還不錯。

另外，下列的個案也可以用與便利商店相同的思考方式來對應。

> ・星巴克的營業額
> ・澡堂的營業額
> ・自助洗衣店的營業額

這三種情況在思考因數分解時，如果能把「店鋪開發者的心情＝如何計算『開設新店時，預估可以有多少營業額？』」納入思考中，自然就能貼近現實。

可喜可賀。收銀機方式，拜拜～！

我非常明白，因為「比較容易計算」，而採用收銀機方式的心情。但是，請務必忍耐下來，提醒自己：「難道沒有其他因數分解的方式嗎？」

然後，還是「只想得到收銀機方式！」的話，那我也沒辦法。

但是當這種時候，請在心裡告訴自己「這是沒辦法中的辦法，一定要好好磨練技巧，下次找到更好的方法」。

◉ 希望各位「體會」和「牢記」的3個重點

① 體會「店面開發主任的心情」，是現實投射的開關
② 費米推論不是「算數」，而是「商業」
③ 常見的「營業額推算」，都可以用類似的方式思考

因數分解與值的彙總：便利商店 1 家店的營業額

便利商店 1 家店的營業額

2億800萬圓

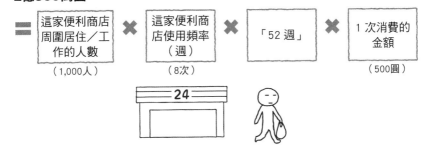

= 這家便利商店周圍居住／工作的人數（1,000人）✕ 這家便利商店使用頻率（週）（8次）✕「52週」✕ 1次消費的金額（500圓）

06 解開「（新冠疫情前）拉麵店的營業額」──反映「店主的口頭禪」

老樣子，進行「因數分解」→「放入值」

如本書 1 － 06 中所介紹，必須反映社會的百態，所以，這次的題目把時間設在「新冠疫情前」，比較容易思考（本書寫於 2021 年新冠肺炎改變社會的時候）。

題目如下↓

> **?** （新冠疫情前）拉麵店單日的營業額？

這次我想直接寫出自己的答案。各位都差不多習慣我的「思考」和「口吻」了，更要加足馬力哦。

進行因數分解後，出現下列算式。

（新冠疫情前）拉麵店單日的營業額
＝【座位數】×【周轉數】×【拉麵的價格】

接著，粗略置入數字。

（新冠疫情前）拉麵店單日的營業額
＝【座位數】×【周轉數】×【拉麵的價格】
＝【10 個座位】×【周轉 5 次】×【1,000 圓】
＝ 5 萬圓

同樣的，請各位感受，此時也都有依據第 1 章教過的原理、原則。請務必將「拉麵店長」的心情，也就是「商業模式」納入思考中。

據說，餐飲店有以下的說法：

中午時段希望能周轉 2 次，最好擠到 3 次！

就拉麵生意來說，就是「快速上麵，客人快速吃完，然後周轉」。把這現象反映在因數分解上，就成了下面的算式：

（新冠疫情前）拉麵店單日的營業額
＝【座位數】×【周轉數】×【拉麵的價格】

▌此處為保險起見，特別說明一下，「周轉數」到底是什麼？

【周轉數】指的是「某個時段的來客數除以座位數」。也就是，「來客量是容留人數的幾倍？」

對了，就跟「○○有幾個東京巨蛋那麼大」同樣的思考方式。

午餐時間共有 30 個客人進來。如果座位數是「6 個」，周轉數就是「5 次」。事實上，博多某家小型香辣咖哩店就是這種周轉數和經營模式。

正因為有「現實的投射」或「商業模式的反映」，所以費米推論才有趣，也有意義。

其實，還有很多其他的計算方法。
但是……「周轉數」比較好！

算法還有很多種。

比方說，用「這個地區吃午餐的人中，選擇這家拉麵店的比例」為基礎來解析。稍微破格的解法像是以「在拉麵店工作的薪水」為基礎也不是不行。

但是，想到「拉麵店的經營模式／店長的心聲」，【周轉數】還是最好。

請務必去一家你喜愛的拉麵店，進行討人厭的「這家店單日的營業額？」計算，這也是讓費米推論出神入化的訣竅。把它運用在日常生活中也很重要。

像這樣在腦中進行種種計算，也是一種享受。

要是你真的在拉麵店裡拿出紙筆來開始計算，店家肯定要惱火。那我就教你一個「先背熟，計算變簡單」的法子。

那就是「1 萬 × 1 萬＝1 億」的公式

這個公式非常方便。以它為基礎來計算，「10 萬 × 1 千＝1 億」，「100 萬 × 100 圓＝1 億圓」。

舉例來說，「連鎖拉麵店所有分店，如果 1 年賣了 10 萬碗 1 千圓的拉麵，就有 1 億圓了！」可以秒算出來。

●希望各位「體會」和「牢記」的3個重點

① 把「商業模式的反映」隨時放在口袋裡
② 把日常的體驗，轉為費米推論的「知識‧常識」
③ 記住【周轉數】的定義

因數分解與值的彙總：（新冠疫情前）拉麵店單日的營業額

（新冠疫情前）拉麵店單日的營業額

5萬圓

= | 座位數 （10個） | ✖ | 周轉數 （5次） | ✖ | 拉麵的價格 （1,000圓）

解開「嬰兒車的市場規模？」
——納入「生活文化」

列出兩種因數分解，互相比較看看。
有沒有感覺到什麼？

下一題在此↓

❓ 　嬰兒車的市場規模？

事不宜遲，馬上列出兩種因數分解，請看：

◉ 因數分解A

嬰兒車的市場規模

＝【1年內出生的新生兒數量】×【嬰兒車的價格】

◉ 因數分解B

嬰兒車的市場規模

＝【1年內出生的新生兒數量】×【購買嬰兒車的比例】×【嬰兒車的價格】

如果有能讓這兩種因數分解成立的世界，那會是什麼樣的世界呢？

這麼一想，就能了解以現實投射和因數分解為核心的費米推論，有多麼深奧了吧。

分別解釋一下。

假設計算嬰兒車的市場規模時，上述的算式是正確的話，請想像那會是什麼樣的世界・社會。與之前的思考順序相反，不是「想像日本嬰兒車市場→因數分解」，而是「已有某因數分解→想像會是什麼樣的嬰兒車市場」。經過這個步驟，各位應該能理解：「1 個因數分解，竟然能表現出這麼多情境！」

▌那麼，繼續解釋「因數分解」！

解釋如下。

◉ 因數分解A

嬰兒車的市場規模

＝【1 年內出生的新生兒數量】×【嬰兒車的價格】

這是一個嬰兒出生後，100%會買嬰兒車的社會。不管是第1胎，還是第2胎，只要沒買就無法生活下去。多發揮一點想像力的話，這是個「獨生子女多」或者「第1胎、第2胎出生的間隔短」的社會。因為如果老大和老二出生間隔拉長，就會產生「接手舊貨」的情形。

◉ 因數分解B

嬰兒車的市場規模

＝【1 年內出生的新生兒數量】×【購買嬰兒車的比例】×【嬰兒車的價格】

相對於「因數分解A」的社會，B社會是個漸漸改變嬰兒出生後「立即買嬰兒車」觀念，衍生出朋友家轉讓的文化。

像這樣，思考時不只是「現實」→「因數分解」，同時也想想「因數分解」→「會是什麼樣的世界？」，理解會更深刻。

什麼樣的因數分解可以反映日本的嬰兒車市場？

現在我們來想想，「現今日本嬰兒車如何購買和使用的文化」。

雖然有點瑣碎，不過現實往往很複雜，所以就照實地進行模式化和因數分解吧。首先運用我所有的常識・知識，用因數分解來呈現 3 個現實吧。

> 即使不是富裕階層，只要經濟寬裕，不管是第 1 胎還是第 2 胎，都會買新車。有些家庭還會買 2 台（平常用的嬰兒車外，外加坐捷運等交通用）。
>
> 然而一般的家庭，生第一個孩子會自購新車，或有別人送。但相對的，第 2 胎就不會堅持買新車，也會用老大的舊車或在中古網站上買。

將這個狀態用因數分解表現，再模式化就行了。

具體舉例如下。

> 嬰兒車的市場規模（富裕階層）
> ＝【1 年內出生的新生兒數量】×【一定以上年薪的比例】×【購買台數】×【嬰兒車的價格】

嬰兒車的市場規模（富裕階層之外），第 1 胎的狀況

＝【1 年內出生的新生兒數量】×【not 一定以上年薪的比例】

　×【第 1 胎的比例】×【嬰兒車的價格】

嬰兒車的市場規模（富裕階層之外），第 2 胎的狀況

＝【1 年內出生的新生兒數量】×【not 一定以上年薪的比例】

　×【第 2 胎的比例】×【購買嬰兒車的比例】×【嬰兒車的價格】

　　雖然有點複雜，但希望能讓大家感受到：「原來現實的投射，就是這樣的啊！」

接著，就置入數字吧

嬰兒車的市場規模（富裕階層）

＝【1 年內出生的新生兒數量】×【一定以上年薪的比例】×【購買台數】×【嬰兒車的價格】

＝【100 萬人】×【10%】×【2 台】×【10 萬圓】

＝ 200 億圓

嬰兒車的市場規模（富裕階層之外），第 1 胎的狀況

＝【1 年內出生的新生兒數量】×【not 一定以上年薪的比例】

　×【第 1 胎的比例】×【嬰兒車的價格】

＝【100 萬人】×【90%】×【50%】×【5 萬圓】

＝ 225 億圓

嬰兒車的市場規模（富裕階層之外），第 2 胎的狀況

＝【1 年內出生的新生兒數量】×【not 一定以上年薪的比例】

　　×【第 2 胎的比例】×【購買嬰兒車的比例】×【嬰兒車的價格】

＝【100 萬人】×【90%】×【50%】×【50%】×【3 萬圓】

＝ 67.5 億圓

◉ 相加的結果？

嬰兒車的市場規模

＝ 492.5 億圓≒ 500 億圓

　　鼓掌～～。

　　希望各位能到達這個等級！這就是我寫這本書的心願。

◉ 希望各位「體會」和「牢記」的3個重點

① 想像從因數分解看見的「世界」
② 將複雜的「現實」模型化，也是費米推論
③「思考方式」壓倒性地比「值」更有趣

因數分解與值的彙總：嬰兒車的市場規模

嬰兒車的市場規模

= | 1 年內出生的新生兒數量 | ✖ | 嬰兒車的價格 |

= | 1 年內出生的新生兒數量 | ✖ | 購買嬰兒車的比例 | ✖ | 嬰兒車的價格 |

500億圓(492.5億圓)

= 嬰兒車的市場規模（富裕階層） + 嬰兒車的市場規模（富裕階層之外）**第 1 胎的狀況** + 嬰兒車的市場規模（富裕階層之外）**第 2 胎的狀況**

（200億）　　（225億）　　（67.5億）

嬰兒車的市場規模（富裕階層）

= | 1 年內出生的新生兒數量 | ✖ | 一定以上年薪的比例 | ✖ | 購買台數 | ✖ | 嬰兒車的價格 |
（100萬人）　　（10%）　　（2台）　　（10萬圓）

嬰兒車的市場規模（富裕階層之外），第 1 胎的狀況

= | 1 年內出生的新生兒數量 | ✖ | not 一定以上年薪的比例 | ✖ | 第 1 胎的比例 | ✖ | 嬰兒車的價格 |
（100萬人）　　（90%）　　（50%）　　（5萬圓）

嬰兒車的市場規模（富裕階層之外），第 2 胎的狀況

= | 1 年內出生的新生兒數量 | ✖ | not 一定以上年薪的比例 | ✖ | 第 2 胎的比例 | ✖ | 購買嬰兒車的比例 | ✖ | 嬰兒車的價格 |
（100萬人）　　（90%）　　（50%）　　（50%）　　（3萬圓）

08 解開「福山雅治在電影《盛夏的方程式》的片酬？」——超越「未知」

一講到「錢的話題」，氣氛都熱起來了呢。年收入、獎金、津貼和片酬

前面的題材幾乎都沒有流行性，所以我想找個有趣一點的題材。但在此之前，先來複習一下費米推論的定義。

> 費米推論＝針對未知的數字，依據常識‧知識，運用邏輯，進行計算。

是這樣吧。

那麼，就來挑戰書籍史上「最未知的數字」吧。

題目如下↓

> **？** 福山雅治先生在電影《盛夏的方程式》的片酬是多少？

真的是「未知」，而且根本不可能知道。

應該從哪裡開始思考呢？＝雖然難度很高，但也能想到「類似的例子」

思考這個題目時，回想一下身邊有沒有類似的案例呢？我想到的是這個。

某個普通的3人家庭，小學6年級孩子的零用錢是多少？

是不是跟這例中的決定方法有點像呢？

所以，先就這一點來說明。

> A＝有「預算」決定零用錢給多少嗎？
>
> B＝小學 6 年級的孩子，給多少錢才夠用呢？

然後，從這兩個方向分別建構邏輯，就是「未知數字」的線索。

所以，以「小學生的零用錢」為題當作熱身

首先，用零用錢來試試看。

◉ A＝有「預算」決定零用錢給多少嗎？

> 能用在零用錢的預算
> ＝【實際月收入】－【房租】－【生活費】－【儲蓄】－【雜費】

我想大概沒有家庭會把算出的金額全部當成零用錢吧，但反向思考，這是「最大值」，也不可能超出這個數字了。就憑這一點，可以說比較接近未知的數字了吧。

而 B 的部分如下。

◉B＝小學6年級的孩子，給多少錢才夠用？

小學 6 年級夠用的金額

＝【每天要用、買果汁等的價格】×「30 天」

把小學生的部分置換成 「福山雅治先生」的片酬

A【能用在零用錢的預算】＝
「用於福山雅治先生片酬的預算」
B【小學 6 年級夠用的金額】＝
「福山雅治先生認為『划算』的金額」

對電影的世界，我知道得沒那麼詳細，只是用常識‧知識來做因數分解。熟知電影圈的人請做更詳細的分解。

A【能用在零用錢的預算】
＝「用於福山雅治先生片酬的預算」
＝【票房收入】－【電影院上映成本】－【電影拍攝成本】－【電影公司利潤】

B【小學 6 年級夠用的金額】
＝「福山雅治先生認為『划算』的金額」
＝【被這部電影綁住的日數】×【一天的費用】

　　這就成為兩組因數分解的頂梁柱。接下來再分解得更細，也很容易理解了。

一如往常，排除「不舒服」的部分，讓因數分解再進化

　　兩組最終的「因數分解」如下。

> A【能用在零用錢的預算】
> ＝「用於福山雅治先生片酬的預算」
> ＝（【觀影者數】×【電影票價】）×（1－【電影院收益比例】－【電影公司收益比例】）－【福山雅治先生之外的片酬、導演、住宿費等】
> ＋【該電影的 DVD 銷售、出租收益】

　　DVD 的收益也有「福山雅治先生」的貢獻，所以，當然必須包含在預算中。到這裡為止，沒想到還滿簡單的。但是，下一組因數分解，可能就需要一點程度了。

> B【小學 6 年級夠用的金額】
> ＝「福山雅治先生認為『划算』的金額」
> ＝【被這部電影綁住的日數】×（【巡迴演唱會票房收入等－巡迴演唱會成本】÷【演唱會日數】）

　　一天的費用，如果與其他「福山雅治先生」的「1 天工作所得」有落差的話，就會「不划算」，所以用巡迴演唱會來計算。

　　這麼一來，雖然看上去是未知的數字，但只要運用費米推論的技術，就能產生「差不多」等級的數字。

綜上所述，先「置入數值」看看吧

A【能用在零用錢的預算】

=「用於福山雅治先生片酬的預算」

=（【觀影者數】×【電影票價】）×（1－【電影院收益比例】

－【電影公司收益比例】）

－【福山雅治先生之外的片酬、導演、住宿費等】

＋【該電影的 DVD 銷售、出租收益】

=（【50 萬人】×【2 千圓】）×（1－【0.5】－【0.2】）

－【1.5 億圓】＋【3 億圓】

= 4.5 億圓

B【小學 6 年級夠用的金額】

=「福山雅治先生認為『划算』的金額」

=【被這部電影綁住的日數】×（【巡迴演唱會門票收入等－巡迴演唱會成本】÷【演唱會日數】）

=【14 天】×（【10 億圓】÷【30 天】）

= 4.6 億圓

以上，從兩個方向來計算，解答如下。

福山雅治先生在電影《盛夏的方程式》的片酬
= 4.5 億圓

這個金額是進入「福山雅治先生所屬事務所」的金額，考慮到進福山先生口袋的只有一半，所以應該是 2 億圓。擔任一

部電影的主角賺 2 億圓的話，我大概可以理解。畢竟是日本數一數二的紅星福山雅治，拍一部電影 2 億圓片酬，算是相當合理。

如上所述，即使是「未知中的未知」數字，使用費米推論也可以算出「可能差不多是這樣」的數字。

費米推論真的是很厲害吧。

◎ 希望各位「體會」和「牢記」的3個重點

① 不論是「什麼樣的數字」，運用費米推論就能抓到大約值
② 用「類似例子」＝身邊的例子來思考，是最完美也最重要的事
③ 大家都愛上「費米推論」了嗎？

因數分解與值的彙總：福山雅治先生在電影《盛夏的方程式》的片酬

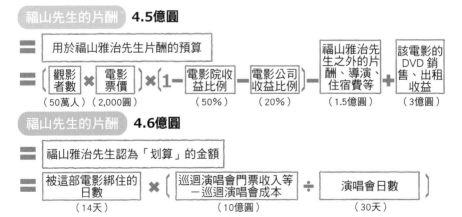

福山先生的片酬 **4.5億圓**

＝ 用於福山雅治先生片酬的預算

＝ （觀影者數（50萬人）× 電影票價（2,000圓））×（1－電影院收益比例（50%）－電影公司收益比例（20%））－福山雅治先生之外的片酬、導演、住宿費等（1.5億圓）＋該電影的DVD銷售、出租收益（3億圓）

福山先生的片酬 **4.6億圓**

＝ 福山雅治先生認為「划算」的金額

＝ 被這部電影綁住的日數（14天）×（巡迴演唱會門票收入等－巡迴演唱會成本（10億圓）÷演唱會日數（30天））

費米推論是「因數分解」

各位了解費米推論的深奧＋至高點之後，現在只剩下學習「技術」了。千萬不可以背負「只要精細的因數分解就行」的怨念，成了「因數分解傻瓜」。

第3章的主題，是如何做出「投射現實」、「反映商業模式」、「反映社會變化」的最完美因數分解。雖然已經學會，理解了「算數的」因數分解，但很多人應該還是覺得：「真的只有這樣就行了嗎？」這部分我會用熱烈的、絕對簡單和高濃度的方式來說明。請盡情享受深奧的、充分展現動腦方法、聰明的「因數分解」世界。而且，學習時請務必嗨起來，領悟率也會提高。

01 要到多近的距離才跳？──
因數分解的「印象」不是分解

▌學習「新概念」時，
▌請把重點放在「印象」

言歸正傳，將費米推論也因數分解一下，會形成下列算式：

費米推論＝「①因數分解」＋「②值」＋「③講述技巧」

我將在本章解說「①因數分解」，第 4 章解說「②值」，第 5 章解說「③講述技巧」。

在各位的印象中，費米推論的「因數分解」像什麼呢？請讓我從這一點開始解說。在學習「思考力」等「無形」的概念時，重要的是你對其抱持的「印象」，費米推論當然也是如此。

▌印象是「跳躍」。盡量接近，
▌最後朝著目的地奮力一躍

說到費米推論的「因數分解」的印象，很多人會因為因數分解這個詞，而懷抱「分解」的既定印象。受到因數分解的字面影響，把一大塊不好思考的東西，分成小塊，就是大家認為的因數分解吧。

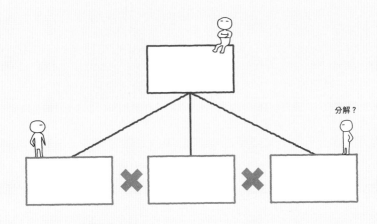

當然，這種說法也不能說不對（這點也很重要）。

但是，這個說法無法直覺地理解很重要、太重要的「因數分解」目的。

抱持「分解」的印象，
並不會讓人想去做因數分解。

我希望，各位對因數分解建立另一個印象，就是「跳躍」。

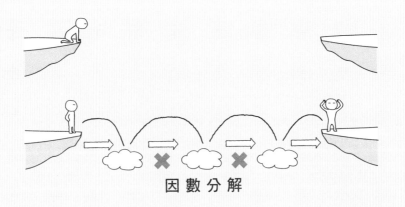

因 數 分 解

113

從某個出發點直接跳起的話，距離目的地會太遠，所以在途中建立「中繼點」，從較近處再跳躍。這就是因數分解的印象。

在學習新概念時，請務必在文字之前，更重視印象。

以「健身房市場」為題，捕捉「跳躍」的印象

以「健身房市場規模」為例，一邊喊著「還太遠」，用這個印象來進行說明。各位不妨也在學習時，一面自導自演的玩嗨起來，絕對能快速學會哦！

那麼就開始吧。

健身房市場的規模，嗯——1 兆圓！

根本沒做任何因數分解，就要回答「健身房市場有多大？」實在是太遠了點。簡直是瞎掰到極致。而且，根本從單位開始就很可疑，連是「億」還是「兆」都無法確定。

那麼，稍微靠近一點試試。

分解為【健身房的數量】×【1 家店的營業額】

這樣一來就比較容易置入數字吧？

不對不對不對，還是太遠了。一點都沒有接近的感覺。雖說運用了經驗和理論，但因為最後的目標是可以「憑直覺置入數字＝跳躍」，所以，還是再走近一點再跳躍比較好。

> 【健身房的數量】×【平均 1 家店的會員數】×【月會費】×「12 個月」

這個算式就接近多了吧？

印象上，應該在終點之前設置 3 ～ 4 個跳台，作為「中繼點」的感覺。

雖然，【平均 1 家店的會員數】的確比【1 家店的營業額】容易置入數字，但是拜託，我想再拉近一點距離。

> 【平均 1 家店的會員數】＝【累計使用人數】÷【使用頻率】

所以，整個因數分解展開的話，

> 健身房的市場規模
> ＝【健身房的數量】×【累計使用人數】÷【使用頻率】×【月會費】×「12 個月」

這個算式確實接近多了。已經相當接近了。【累計使用人數】的部分比【平均 1 家店的會員數】更容易置入數字。【使用頻率】太棒了。

但是，這還沒有到極限

接下來的分解，才是最後一次。

分解【累計使用人數】。

> 【累計使用人數】＝【容留人數】×【周轉數】×「30 天」

所以，將整個因數分解列出來：

> 健身房市場規模
>
> ＝【健身房的數量】×（【容留人數】×【周轉數】×「30 天」）
>
> ÷【使用頻率】×【月會費】×「12 個月」

　　這才算是接近了。謝謝。接下來要怎麼做呢？可以閉著眼睛往前跳了。總之謝謝啦。

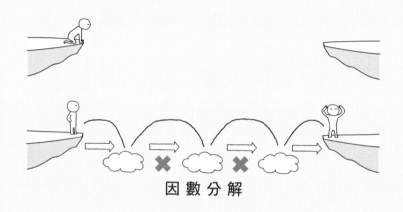

因 數 分 解

　　以上，我故意採用比較隨性的表現方法，但這也是學習時的鐵則，邊做邊碎碎念，或是自導自演的玩嗨起來都很重要。運用一點節奏感來做因數分解，才能體會它無窮的妙趣。

◉ 因數分解的印象

> ・從遠處盡力接近它的原貌＝分解出「因數」。已經懂的部分就不再分解
> ・最後就是，憑著直覺置入數字＝閉著眼睛跳

02 因數分解的原點在「不舒服」
──「不舒服」的新用法

因數分解的動力是什麼？
是「不舒服」

建立了因數分解的印象後，我來介紹因數分解的「細分法」，也就是「中繼點」的建立方法。

執行因數分解時，有個魔法一般的關鍵詞，那就是：

不舒服。

聽到「不舒服」三個字，經常會想到喝酒過量後「想吐」，或者是翻開河邊的大石頭，看到很多小蟲「噁心」等的感覺。但還有另一個意義（用法）。那就是：

> 不舒服
> ＝數字置入法或思考法本身沒有妥善表現「現實」或「事實」，令人有違和感。

立刻以實況轉播的方式，體驗一下「不舒服」吧

我們用具體的例子來體驗一下「不舒服」是什麼樣的狀況吧。我想用「按摩椅的市場規模」為例來說明。這叫做「零基」（Zero-Base）吧，總之我會用看得見「思考路徑」的形式來解說。

也許你已經注意到，商業書的寫法「10年來」都沒有進步，挑明了說就是太硬了。格調高冷，但結果成了讀不下去的書。

所以，本書採用「盡可能隨性」的寫法來表現。

因為這種做法絕對能看得懂。

那麼，我們快點燃起來吧！

將「按摩椅的市場規模」做因數分解，首先會形成下面的算式：

> 按摩椅的市場規模
> ＝【旅館等持有按摩椅設施的數量】
> ×【按摩椅的單價】

這個式子非常令人不舒服，真的令人想吐。

而且我希望各位在因數分解時，把「不舒服」當成口頭禪。

一起來～

不舒服！

　　當然，不是說完「不舒服」就結束了，還要同時思考「為什麼會讓人反胃呢」。請把它當成鐵則。

　　至於，哪裡讓人感覺不對呢？因為如果照這算式因數分解的話，「每年都會更換新的按摩椅了」。

好想吐。啊，真不舒服。

　　基於這個原因，就來進化因數分解吧。既然不舒服，當然就要進化。

> 按摩椅的市場規模
>
> ＝【旅館等持有按摩椅設施的數量】÷【耐用年數】
>
> ×【按摩椅的單價】

　　各位認為如何？

　　稍等一下，不舒服，還是想吐。

　　這麼解就等於「設施內只有 1 台按摩椅」。

　　於是，再進一步進化因數分解吧。

> 按摩椅的市場規模
>
> ＝【旅館等持有按摩椅設施的數量】×【1 設施持有的按摩椅數量】
>
> ÷【耐用年數】×【按摩椅的單價】

　　到這裡，終於清爽多了。

　　這便是「不舒服」，和讓因數分解「進化」的方法。

於是，我如此定義：

因數分解起源自「不舒服」。

　　各位感覺到的違和感很重要，絕對不能只是用算數的感覺，把因數分解「細分化」而已。只有在進化中得到「意義」才有其價值。

03 「3 階段火箭因數分解」——HOP、STEP、JUMP

「跳躍」的印象、「不舒服原點」和……

　　抱著因數分解的「跳躍」印象，憑著「不舒服原點」進行因數分解。除此之外，在進入具體的因數分解之前，還有一個概念，希望各位能了解。思考、執行因數分解時，希望各位能階段性的「拆分因數分解」，而不要一次就處理完「細項因數分解」。進而，也請在執行時注意分 3 階段進行。

　　我命名為：

3 階段火箭因數分解

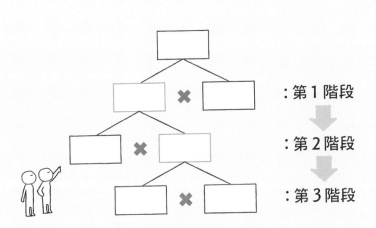

: 第 1 階段

: 第 2 階段

: 第 3 階段

我就來示範一下什麼叫「3階段火箭因數分解」

這次也用「健身房的市場規模」來說明。學習新概念時，最好是用「同樣題材」來記憶。

◉ 第1階段

健身房的市場規模

＝【健身房的數量】×【一家店的營業額】

◉ 第2階段

健身房的市場規模

＝【健身房的數量】×【一家店的營業額】

＝【健身房的數量】×【平均1家店的會員數】×【月會費】×「12個月」

◉ 第3階段

健身房的市場規模

＝【健身房的數量】×【一家店的營業額】

＝【健身房的數量】×【平均1家店的會員數】×【月會費】×「12個月」

＝【健身房的數量】×【累計使用人數】÷【使用頻率】×【月會費】×「12個月」

像這樣，因數在每次進到下一階段時，再細分。

第 2 階段比第 1 階段細分了【一家店的營業額】。第 3 階段
比第 2 階段進化了【平均 1 家店的會員數】。

執行因數分解時，請注意要階段性的進行因數分解。

真的是三級跳，hop、step、jump ！

「3 階段因數分解」
也具有防止公式化因數分解的力量

不論是因數分解的印象、或是「不舒服原點」，都不只是
簡單的因數分解細分，它的基底都有著熱烈的動機。

・哪怕只有一點點，也想建立「舒服」的數字
・想做出完全投射現實的「舒服」因數分解

所以，為了不想讓因數分解公式化，希望各位做階段性的
因數分解。當然，實際運用在工作上時，或是準備個案面試的
解決方案時，希望各位也用「3 階段火箭因數分解」。

「重要性原則」的復活
04 ——什麼是「無解答比賽」中的 正確

「不重要的部分可以忘記」 這個超棒的原則＝重要性原則

接著解說最後一個具體的因數分解原則，有件事希望你們記住。也許擅長會計的人一聽就懂，那時候學的技巧是↓

重要性原則

「重要性原則」的定義就交給那方面的專家來說明。簡單來說，它到底是什麼呢？

不重要＝在費米推論的世界中，「小到可以忽略」的時候，就可以不用考慮它

學完概念，用「具體範例」來學。 貫徹這樣的循環

那麼，就用「按摩椅的市場規模」來說明吧。其實在大家沒注意時，我已偷偷地運用了「重要性原則」，所以在這裡強調一下。

> 按摩椅的市場規模
>
> ＝【旅館等持有按摩椅設施的數量】
>
> 　　×【1設施內按摩椅數量】÷【耐用年數】
>
> 　　×【按摩椅單價】

各位知道這裡要怎麼運用「重要性原則」嗎？如果直接做因數分解，就會形成下面的算式：

> 按摩椅的市場規模
>
> ＝【偏向旅館等持有按摩椅設施的法人市場】＋【持有按摩椅的家庭等個人取向市場】

沒錯，不只是旅館等所謂的法人，可以把獨門獨戶的個人也納入因數分解。這樣的背景就包含了「重要性原則」。

以下這一段，希望各位徹底了解。「在我的觀念中」，購置按摩椅的多半是法人，也就是旅館、飯店、機場、養生會館等澡堂、購物商城，目前獨棟家庭購置按摩椅的人相當少。依據「重要性原則」，就不列入考慮。

這裡必須注意的是，「個人的數值少」的想法，終究只是來自於「解答者」——在這個例子中則是「我」——的常識・知識，如果各位讀者中有人認為：「不行不行，個人的數字並不少，反而還比法人多！」這些人就不適合用「重要性原則」，就把個人部分也一齊計算出來就行了。

　　這是有趣的部分，也是困難的部分。

　　解這個命題的「各位」肯定也要發揮聰明才智來拆解。

　　費米推論的技術，運用的是人生中經歷的經驗知識，所以「我」與「各位」的人生經驗當然不同。就這個問題來說，如果某人生長在富裕家庭，朋友夥伴都是富人，不論去哪個家裡玩，都是獨門獨院，而且屋裡還一定都有按摩椅！這樣的話，就可以依據這個經驗進行因數分解。真正是「無解答的比賽」。

然後，再進行「討論」就行了。
要「剔除」哪個部分都無所謂。

　　還有，我期望各位了解，我們進行的是「無解答的比賽」，光是算出主要部分都相當困難。那些「小而少」的部分，計算起來很麻煩，而且從整體來說只是誤差。如果有那麼多時間和精力的話，不如把心力用在主要部分吧！這一點也很重要。

這就是費米推論中的「重要性原則」。

對各位的愛
＝整理費米推論中重要的 4 個哲學

到這裡為止，費米推論的因數分解有 4 個哲學。

①「因數分解的印象：跳躍」
②「不舒服原點」
③「3 階段火箭因數分解」
④「重要性原則」

把這四點放在腦中，從下一節開始，我會具體地介紹建立因數分解時的訣竅、陷阱，希望大家能享受深奧的「因數分解世界」。

「建立 2 個以上的因數分解」的意思──「無解答比賽」的戰法

將「無解答比賽」的戰法銘記在心。
這是超越費米推論的重要思考方式

　　了解因數分解的哲學之後，還有另一個重點。費米推論是「無解答的比賽」，所以，因數分解當然也是「無解答的比賽」。因而，腦中必須時時記住「無解答的比賽」的 3 個戰法。

 ❶ 過程很性感

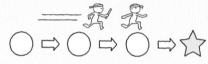

❷ 2 個以上的選項　選哪個好呢

❸ 炎上、討論不可少

◉「無解答的比賽」的戰法有 3 個

①「過程很性感」＝
從性感的過程算出的答案也很性感
②「建立兩個以上的選項，從中選擇」＝
比較這些選項，選「比較好」的那一個

③「炎上、討論不可少」＝
討論是大前提，有時非得炎上（猛烈批判）不可

因此，因數分解當然也必須採取這種戰法。把這些套用在
費米推論的因數分解上，就成了下列要點。

◉ 適用於費米推論的因數分解

①「過程很性感」＝
記住 4 個「哲學」，來做因數分解
②「建立兩個以上的選項，從中選擇」＝
建立兩個以上的「因數分解」進行比較
③「炎上、討論不可少」＝
重點在於「因數分解」的討論，而不是「值」

講得很快，但是十分重要，請務必好好牢記。

06 「縱向的因數分解」與「橫向的因數分解」──因數分解有 2 種

「縱向的因數分解」與「橫向的因數分解」是什麼？

大家知道因數分解有 2 種嗎？

有「縱向的因數分解」與「橫向的因數分解」兩種，而且有必要理解它們。

一時粗心把重點放在「縱向的因數分解」，但應該重視的是「橫向的因數分解」！

那麼，就從「橫向的因數分解」開始吧。

> 按摩椅的市場規模
>
> ＝【旅館等持有按摩椅設施的數量】
>
> ×【1 設施內按摩椅數量】÷【耐用年數】
>
> ×【按摩椅單價】

這個因數分解，事實上完全是由「橫向的因數分解」組成。另外，「縱向的因數分解」如下↓

> 按摩椅的市場規模
>
> ＝【偏向旅館等持有按摩椅設施的法人市場】＋【持有按摩椅的家庭等個人取向市場】

「縱向的因數分解」用四則運算來說，主要是以「加法」來表現。

「縱向的因數分解」與「橫向的因數分解」的印象是什麼？

算數上怎麼算都無所謂，但「橫向的因數分解」從因數分解的印象來說，就是建立「中繼點」。希望各位在這裡多花點腦筋。

另一部分，「縱向的因數分解」在印象上，是「分割目的地，變成兩個以上」，所以，雖不能說沒有前進，但是並沒有縮短「跳躍」時的距離。

所以，剛開始請把精力放在如何做「橫向的因數分解」。

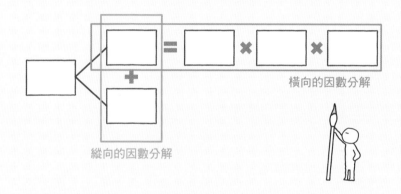

橫向的因數分解

縱向的因數分解

最後還要補充一點。

舉例來說，用剛才提出的「按摩椅的市場規模」命題，要求學生「請做因數分解」時，

按摩椅的市場規模

＝【旅館等持有按摩椅設施的數量】

　　×【1 設施內按摩椅數量】÷【耐用年數】

　　×【按摩椅單價】

到這裡為止都沒有問題。

可是很多人到了後面卻寫：

【按摩椅單價】

高級：50 萬圓

標準：25 萬圓

便宜：5 萬圓

然後理直氣壯地說：因數分解完成了！

但是，這不是因數分解，只是單純地區分單價種類而已，並不是因數分解。

此處整理一下！
英雄是「橫向的因數分解」！

做個不同的整理來結束本章。

> 「橫向的因數分解」＝建立通往目的地的「中繼點」
> 「縱向的因數分解」＝設成多個目的地，但並沒有前進

此外，前面說明的「重要性法則」基本上適用於「縱向的因數分解」。因數分解成【法人取向】＋【個人取向】，而【個人取向】太小所以割愛。

以上的部分，各位了解了嗎？

07 「商業模式」決定了因數分解
——這是精髓所在

▌ 到處可見的「無臭無味」的因數分解，有個關鍵性缺乏的要素

單純的算數性因數分解出來的結果，很無趣。不論什麼人寫，都沒有太大差別，因而很多人將它視為「無臭無味」的東西。

但是，不應該是這樣的。它其實風味十足。

可以說，它飽含了美味的成分。
而商業模式更使其產生「美味的深度」。
從結論來說的話。

思考因數分解時，必須對商業模式有概念。

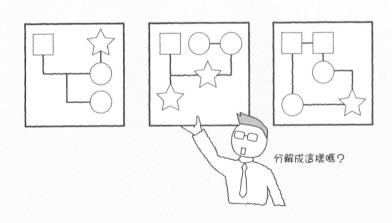

分解成這樣嗎？

那麼，以實際案例來學習吧！

舉例來說，假設考題是「請推算（飲料）自動販賣機的台數」，各位會如何思考呢？

【自動販賣機累計購買次數】÷【自動販賣機的容納量】

或許你腦中會閃過這個算式。但是，先暫停一下，因數分解是商業模式的反映。

那麼，「自動販賣機」的商業模式，究竟是什麼呢？

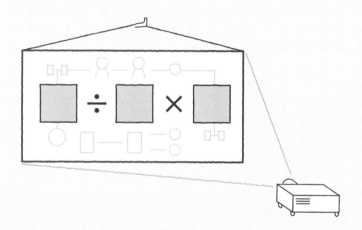

自動販賣機事業，就是「啊，好渴哦！→啊，有一台自動販賣機！→投幣」，是一門抓緊時機的生意。也就是說，自動販賣機事業成長的關鍵，在於「地毯式鋪點」，因為沒有人知道消費者「何時會口渴」，所以會把自動販賣機設在各種地方。

既然如此，因數分解應該這麼思考吧。

> （飲料的）自動販賣機台數
>
> ＝【日本平地的面積】×【1 平方公里內自動販賣機的台數】

接下來用「不舒服原點」，將【1 平方公里內自動販賣機的台數】在都會區和城郊區放置的數量不同，或者首都圈與非首都圈的差異等列入考慮。此外，不只要考慮馬路旁的「時機抓取」，也需把車站等「人潮聚集地」、辦公室等納入考量，讓因數分解更加進化。

真可以說「因數分解的骨架是由商業模式決定的」

用不同的題材來驗證「商業模式的反映」吧！

題目為「推測（位於表參道骨董街）某便利商店單日的營業額」。

因數分解要怎麼做呢？

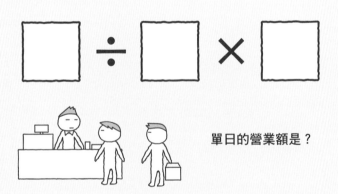

單日的營業額是？

似乎很多人會用「收銀機處理量、等候時間」來思考，但在此之前，先動腦想一想：「超商事業究竟是什麼？」假設，某店新成立時，主管下令「預測這家便利商店單日的營業額」時，該如何思考呢？

便利商店做的是「商圈生意」，所以比起「有幾台收銀機、1台處理10個人」之類，不如思考：「這家便利商店的周圍，居民和上班族有這麼多人，這些人中會有多少人光顧？」

也就是說，
商業模式決定了因數分解方式

具體算式如下，這在第2章也出現過，所以認真閱讀的讀者，應該會想：「前面不是說過了嗎？」本書會從各種角度來解說同一件事，應該會讓讀者一面讀漸漸出現既視感！

（位於表參道骨董街）某家便利商店單日的營業額

＝【這家便利商店周圍居住／工作的人數】

　　×【這家便利商店的使用頻率】×【每次的消費金額】

然後再把這個算式，用「縱向因數分解」使其進化。

【這家便利商店周圍居住／工作的人數】

＝【500m半徑範圍內的居住設施數】×【1戶居住設施的容留人數】

　　＋【500m半徑範圍內辦公室數量】×【1間辦公室的容留人數】

用不同題材（珍珠奶茶店）進一步學習

最後再介紹一個。真正在反映商業模式下進行因數分解。只要學會這部分，後面會非常有趣！

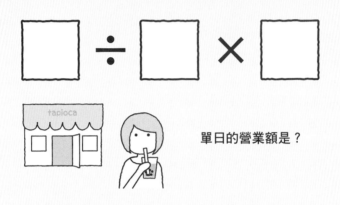

單日的營業額是？

接下來，讓我們回到珍珠奶茶大流行的時候，推算「（在原宿）某家珍珠奶茶店單日的營業額」。

如果是你，會怎麼做因數分解？

腦中想過幾個點子，但說到「珍珠奶茶店」當然還是「排隊」吧。

在珍珠奶茶事業中，關鍵肯定是「如何為顧客結帳？」於是就會有下列的算式。

（在原宿）某家珍珠奶茶店單日的營業額
＝【1 小時結帳的人數】×【營業時間】×【1 杯珍珠奶茶的價格】

　　不過實際上，依據「不舒服原點」，雖然顧客大排長龍，但也不能不考慮無人光顧的時間，所以會用值的放置方式來調整。

　　到此為止，如同「自動販賣機」「便利商店」「珍珠奶茶店」3 個例子所見，在決定因數分解時，考慮商業模式十分的重要。

　　如果在考慮商業模式方面能順利達成，費米推論會更加輕鬆愉快！

08 「需求」或「供給」
──因數分解的最大分歧！

> 曾經聽人說過，
> 「從需求端考慮」「從供給端考慮」

　　如果將因數分解分成 2 類，就分成「需求端」和「供給端」。

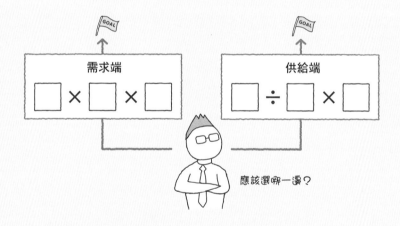

　　接下來，就以「健身房的市場規模」為例來說明。

　　首先是需求端，請看下文。

◉ **需求端**

健身房的市場規模
＝【健身房的會員數】×【年會費】

從「需求」的角度，從接受「健身房」服務的一方進行費米推論。這樣來思考因數分解，稱為「需求端」。

接下來是供給端，請見下文。

● 供給端

健身房的市場規模

＝【健身房的數量】×【1家店的營業額】

這就是從「供給」的角度看。

就是從提供「健身房」服務方進行費米推論，這樣來思考因數分解，稱為「供給端」。

此外，這兩者屬於「雙面」「表裡」的關係，所以不論是什麼樣的費米推論題材，都可以從「需求端」或「供給端」進行因數分解。也因此，在做費米推論時，必須選擇自己的判斷方向。

因此，下一節 3-09 的題目，各位已經知道了吧。

我將解說如何判斷因數分解的好與壞。

09 「因數分解的好與壞」判斷基準——竟然有 3 個！

1 個題材可以做出多個因數分解時，該選哪一個？

這一節，我們來思考如何判斷因數分解的好壞。

因數分解的解法最少應該有兩個，最具代表性的就是上一節的「需求端」「供給端」。有的題材甚至可以做出 5 ～ 6 個因數分解。

像以下的個案也相當常見。

> 某家顧問公司的個案面試中，出了這樣的命題：「請推測新冠疫情中『東京迪士尼樂園』單日的營業額」
>
> 進而，從「我們想討論的是解法不是值」開始，在個案面試中追問了 5 次「還有沒有其他解法？」

所以，如何判斷因數分解的好與壞，是非常重要的問題。

因數分解的好壞判斷基準，竟然有 3 個

這 3 個判斷基準，也可以稱為方針。

第 1 個，各位已經知道了吧。

第 1 方針＝與「商業模式」的整合性

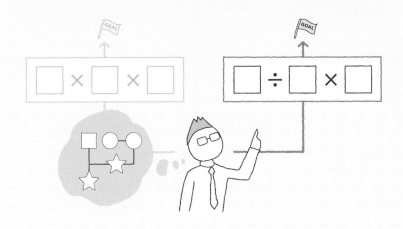

用另一種說法，就是「現實的投射」。

也就是，必須解出更貼近現實的因數分解。

第 2 方針如下。

第 2 方針＝與「之後的」討論的整合性

討論的方向在這邊，
所以……

進行費米推論就表示，它的前方有目的。最通俗的目的是「發現問題，提高營業額」。在個案面試中，經常會出以下這種題目：

? 現在請推算某花店的所有連鎖店的營業額。然後請就提高營業額加以思考。

如同上述，在費米推論中有「之後的」討論，所以建立容易討論的因數分解十分重要。

用「推算某花店的所有連鎖店的營業額」，學習具體的意義

那麼，我們用「請推算某花店的所有連鎖店的營業額」這個題目，實際演算一下。

舉例來說，假設我們想出下列的因數分解：

某花店的所有連鎖店的營業額
＝【連鎖店數】×【1家店的營業額】
＝【連鎖店數】×【該地區買花的人數】
　×【這家店的選擇率】×【入店後購買比例】×【客單價】

假設，我們又想到另一個「不同的因數分解」如下：

某花店的所有連鎖店的營業額
＝【連鎖店數】×【1家店的營業額】
＝【連鎖店數】×【1家店的店員人數】
　×【1名店員接待的人數】×【營業時間】×【客單價】

各位覺得，哪一種因數分解比較好呢？

你認為哪一種因數分解比較好呢？
請說明答案和理由

好了，各位必須二選一。

這時候，

第 2 方針＝與「之後的」討論的整合性

請大家務必啟動這個方針。（從這裡開始，風味會越來越濃郁！）

因為「之後的」討論，在這個題目中是「提高營業額的方法」。所以，當然會把「如何吸引顧客光臨？」作為論點／課題，於是選擇第 1 個因數分解。↓

某花店的所有連鎖店的營業額

＝【連鎖店數】×【1 家店的營業額】

＝【連鎖店數】×【該地區買花的人數】
　×【這家店的選擇率】×【入店後購買比例】×【客單價】

用因數來說，焦點會放在【這家店的選擇率】為什麼不高？出了什麼問題？反之，用另一組因數分解就很難達到這個目的。

相對的，如果「之後的」討論，是以「如何接待顧客」作為論點／課題的話，就應選擇第 2 組因數分解。↓

某花店的所有連鎖店的營業額

＝【連鎖店數】×【1 家店的營業額】

＝【連鎖店數】×【1 家店的店員人數】
　×【1 名店員接待的人數】×【營業時間】×【客單價】

用因數來說，焦點會放在【1 名店員接待的人數】可不可以更多？反之，第 1 組因數分解就很難討論到這一點。

說完了「商業模式」「之後的討論」，最後的方針是「值的易得性」

接下來，繼續解說最後的方針。

第 3 方針＝「值」的易得性

雖非完美，
但至少容易得出數字

最後一點是「逃避」式的方針。這在商業上稱為「供應商邏輯」。也就是以「實際工作者」的邏輯會怎麼做。

當然不可能對客戶說「因為這樣容易得出值」吧？所以就「逃避」

當用第 1 方針、第 2 方針無法判斷時，或是「討論中，必須立刻計算出來時」，反正只是「暫且」算出時，便應選擇容

易計算的方法。

最後，重新將 3 個方針再彙總一次。

第 1 方針＝與「商業模式」的整合性

第 2 方針＝與「之後的」討論的整合性

第 3 方針＝「值」的易得性

各位，選擇因數分解的選項時，是不是更輕鬆了呢？

10

「絕對數」和「比例」
──偏好哪一個？

「絕對數」在處理的難易度上，壓倒性獲勝

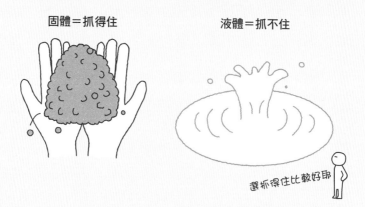

固體＝抓得住　　　　　　液體＝抓不住

選抓得住比較好耶

接下來，我們走入因數分解的更深處探險吧。

關於判斷因數分解的基準，在 3 － 09 中已經說明過了，不過我想在這裡解說與「第 3 方針＝『值』的易得性」相關的故事。

貿然請問一下，各位喜歡打棒球嗎？

我還算滿喜歡的。

舉例來說，「推算把打棒球當成愛好的人數」時，大家會想出什麼樣的因數分解呢？

其實，這是相當高階的題目。

這裡暫時假設有下面 2 種因數分解好了。

◉ **類型1（比例基準）**

把打棒球當成愛好的人數

＝【把運動當成愛好的目標人數】×【選擇打棒球的比例】

◉ **類型2（絕對數基準）**

把打棒球當成愛好的人數

＝【會玩棒球的社群數（社團、俱樂部）】×【所屬人數】

　　當然還是一樣二選一。

　　姑且先在兩個算式中置入數字吧。

◉ **類型1（比例基準）**

把打棒球當成愛好的人數

＝【把運動當成愛好的目標人數】×【選擇打棒球的比例】

＝【8千萬人】×【1%】

＝ 80 萬人

◉ **類型2（絕對數基準）**

把打棒球當成愛好的人數

＝【會玩棒球的社群數（社團、俱樂部）】×【所屬人數】

＝【10 萬個社群】×【20 人】

＝ 200 萬人

　　這裡，我們啟動「第 3 方針＝『值』的易得性」。選擇因數分解時，請考慮以下重點。

用棒球的例子來說明。

「【選擇打棒球的比例】＝ 1％」，但這是個「無解答的比賽」，所以也許是 1％，也許是 2％，也有可能是 3％。

所以，這裡有個超級大的「陷阱」。

我要說的是，「1％」和「2％」，在數字的感覺上只差了「1」＝幾乎沒有差別，然而，整體的數字會從「80 萬」倍增到「160 萬」。差了「80 萬」但實際上卻很難感受到。

相對的，「【所屬人數】＝ 20 人」，如果倍增的話「20 人」就成了「40 人」。差了「20」人就很有感覺了。就此例的棒球來說，少子化的今天，「不可能有 40 人吧」很容易進行討論。

不過，也有用「比例」比較好處理的例外。舉例來說，假設回到昭和時代，計算那個時代「把打棒球當成愛好的人數」。

◉ **類型1**

把打棒球當成愛好的人數
＝【把運動當成愛好的目標人數】×【選擇打棒球的比例】

如果是在棒球全盛時期，「【選擇打棒球的比例】＝ 75％」，那就表示「4 個人中有 3 個人都把打棒球當愛好」，變得很好處理了。

如果是這種狀況，「類型 1」完全 OK。

也就是說，不應該是「這個問題就用那個方法！」這樣不經大腦。必須根據值的大小，「立體性」的去選擇。況且，「誰在進行費米推論？」也會形成差別。

所以，費米推論既有趣又深奧！

附帶一提，解答第 2 章中出現的「籃球人口有多少？」時也大量使用了這個技巧。

11

留意「收銀機方式」——
一招走天下也該有限度
（因數分解的陷阱①）

> **費米推論中級者也會中招，**
> **請看「因數分解的陷阱」**

因數分解的陷阱
①

哇！

　　本節開始，我想說說各位容易掉入的四個「因數分解陷阱」。「因數分解陷阱系列」開張嚕！

　　首先是第 1 個陷阱。那就是：

不管如何，就以「收銀機方式＝收銀機每小時能結帳多少人」為根基，進行因數分解的陷阱

請看此例↓

> 某便利商店單日營業額推算
>
> ＝【收銀機結帳的人數】×【營業時間】×【每1顧客單價】

不只是便利商店，在「星巴克單日營業額推算」時，也會有人不顧一切地套用收銀機方式。

但是，請你們注意，這是錯的。

原因嘛，簡單的說，就是「便利商店單日的營業額」與「收銀機結帳人數」完全沒有半點關係。

「營業額」與「收銀機結帳人數」關係並不大。

稍微想像一下應該就能理解。便利商店即使增加一台收銀機，營業額並不會跟著增加。當然，在部分地區、部分時段，增加收銀機也許營業額能有少量增加，但是便利商店並非總是客滿。所以，除非是熱門的「珍珠奶茶店」，否則使用收銀機方式會變得很奇怪。

或者，假設各位是「便利商店的店面開發主任」，決定某地區在下個月開張新的便利商店。這時推算新成立店面的營業額時，也不能使用「收銀機方式」。因為如果這麼做的話，所有的便利商店都會有相近的營業額了。

所以，基本上應該用「商圈方式＝該便利商店周邊有多少使用者？」來推算。

現在大家了解為什麼不能隨便亂用「收銀機方式」了吧？

12 「稼動率」×「周轉數」的矛盾
──證明你沒在思考
（因數分解的陷阱②）

先看看陷入「陷阱」的因數分解吧

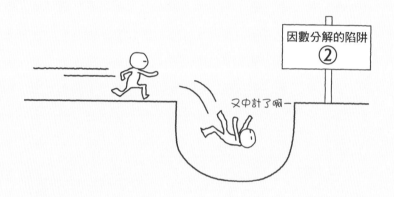

各位會誤入的陷阱不只是「收銀機方式」。舉例來說，以「某拉麵店的營業額推算」為題，就有一大堆人做出下列的因數分解。

> 某拉麵店的營業額推算
> ＝【座位數】×【稼動率（使用率）】×【周轉數】×【營業時間】
> ×【單價】

而且，有這種想法的人，大多會做以下的說明。

某拉麵店的營業額推算
＝【座位數】×【稼動率】×【周轉數】×【營業時間】
×【單價】

置入數字後比較容易了解，先置入假設數字。

【座位數】＝ 10 位

【稼動率】＝ 25%

【周轉數】＝ 2

【營業時間】＝ 8 小時

【單價】＝ 1,000 圓

10 個位子坐滿 25% 的狀態，1 小時周轉 2 次，營業 8 小時，單價為 1,000 圓，所以，簡略計算為 4 萬圓！

各位認為如何？

會不會有「蛤？」的感覺？

這就是用「算數」方式推算，而落入陷阱的典型案例。

那麼，該怎麼算才對呢？

其實，只要稍微體會「拉麵店老闆的心情」，就可以知道了。餐飲店，尤其是重視午餐的餐廳店長／老闆，經常會說這樣的話：

中午的時段最少希望能周轉 2 次。

好，這個「周轉 2 次」是什麼意思呢？

當然是，希望某個時段的客流量能讓座位「翻桌 2 次」的意思。所以可以這麼解。

【周轉數】＝【（某時段上門的）客人數】÷【座位數】

某拉麵店的營業額推算

＝【座位數】× 【周轉數】× 【單價】

如果想用【稼動率】的話，會變成下列算式

某拉麵店的營業額推算

＝【座位數】× 【稼動率】× 【營業時間】× 【單價】

完成了因數分解，接著「置入值」吧

置入數字，看起來就簡單多了。

某拉麵店的營業額推算

＝【座位數】× 【周轉數】× 【單價】

＝ 10 位 × 周轉 4 次 × 1,000 圓＝ 4 萬圓

某拉麵店的營業額推算

＝【座位數】× 【稼動率】× 【營業時間】× 【單價】

＝ 10 位 × 50% × 8 小時 × 1,000 圓＝ 4 萬圓

這就是結果。

最後，讓我來彙總一下，讓各位一輩子都不會落入陷阱。

【周轉數】
表示某個時段中，上門的客人坐滿【容留人數（＝座位數）】多少次。

【稼動率】
表示每１小時【容留人數（＝座位數）】中有多少在使用？

總之，兩者不可以同時使用。

運用時請特別注意。

13

「需求端」有時也很好用 ——「庫存」的概念（因數分解的陷阱③）

> 整體上「供給端」獲勝，
> 但「需求端」有時候也不錯

因數分解的陷阱③

驚愕的第三次！

　　雖然有點唐突，不過我想以「藥局」為題材，講一個讓各位「恍然大悟，需求端也很厲害！」的話題。

　　例如，要計算「藥局的感冒藥營業額推算」時，該如何進行因數分解呢？

　　這時候，我們分別從「需求端」和「供給端」來思考。

◉ 需求端

藥局的感冒藥營業額推算
＝【罹患感冒的累計人數】×【1 次感冒中吃的感冒藥顆數】
　×【1 顆藥的價格】

◉ 供給端

> 感冒藥的營業額推算
>
> ＝【藥局家數】×【1 家藥局的感冒藥營業額】

　　如果是各位的話，你會以什麼理由選擇哪一邊呢？

　　先說正確答案，是「需求端」。

　　平常大多會選擇「供給端」，但是在這種題材中「需求端」大勝。

為什麼推算感冒藥的營業額時，「供給端」不好用呢？

　　重點在「庫存」的概念。

　　感冒藥、蛋白粉、柿種米果、盒裝牛奶都差不多，是「無法一次消費完，保存在家裡」的物品。得了感冒所以去買感冒藥，但是下一次又感冒時，經常會因為家裡還有感冒藥，而不用再買。

　　當有這種「庫存」概念時，用「供給端」就很難捕捉到。所以，從「需求端」去思考才是正確答案。

　　這正是所謂的「現實的投射」。

　　因為我們必須關注題材中「商品、服務」的消費狀態，來選擇因數分解。

14

在「既有＋首購」出現的兩光因數分解──全體掉落的的陷阱（因數分解的陷阱④）

> 這一部分最難，
> 所以請視情況先忽略，推進到第 4 章！

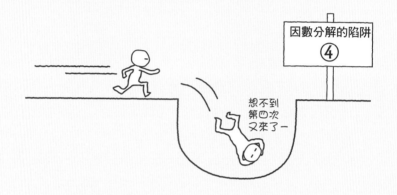

因數分解的陷阱④

想不到
第四次
又來了～

終於來到「因數分解陷阱」系列的最後一節了。

假設題目是「請推算按摩椅的市場規模」，各位會如何做因數分解呢？

舉例來說，下面這樣的因數分解，你覺得如何？

按摩椅的市場規模

＝【既有的汰舊換新】＋【首次購買】

不只是按摩椅，像汽車市場或手機市場，各別算出「現在已持有的人汰舊換新」與「今年首次購買」，在算數上看起來好像很正確。

不過，單就費米推論來說，這種算法不盡理想，其實是做了件非常令人「不舒服」的事。

▌接下來，需要有一點「算數」的 sense！

為什麼不盡理想呢？因為費米推論沒有時間的概念。更進一步說，即使建立了「時間的概念」，但算出來的值也很難「辨別」時間的概念。

按摩椅的市場規模

＝【既有的汰舊換新】＋【首次購買】

既有與首購分別再進一步因數分解吧。

◉A的算法

【既有的汰舊換新】

＝【（第 N 年時的）旅館等持有按摩椅設施的數量】

　　×【每 1 設施的按摩椅台數】÷【耐用年數】

　　×【按摩椅的單價】

【首購】

＝【（在第 N 年裡）首次購買按摩椅人數】×【單價】

以這種方式將「既有」與「首購」分開。

那麼，【（第 N ＋ 1 年開始時的）按摩椅持有者】又是怎麼得出來的呢？

請看下述。

◉ B的算法

> 【（第 N ＋ 1 年開始時的）按摩椅持有者】
>
> ＝【（第 N ＋ 1 年開始時的）旅館等持有按摩椅設施的數量】

在製作值的時候，必須能辨別「第 N 年時的」數字與「第 N ＋ 1 年時的」數字。但是，費米推論中處理的是「未知的數字」，所以把顆粒度（清晰度）＝「1 年」的時間差列入計算的層級，就無法推算了。

也因此，「B 的算法」比較好。

如果執意要用「A 的算法」的話，

> 【既有的汰舊換新】
>
> ＝【（第 N ＋ 1 年時的）旅館等持有按摩椅設施的數量】
>
> 　　×【每 1 設施的按摩椅台數】÷【耐用年數】
>
> 　　×【按摩椅的單價】
>
> 【首購】
>
> ＝【（在第 N 年裡）首次購買按摩椅人數】×【單價】

這種算法會變成重複計算了。所以，就因數分解的意義來說，「既有」＋「首購」雖然正確，但是考慮到值的製作，就不能算是理想的解法。

也許也因為這是一場「無解答的比賽」，置入的因數越少越好。

注：這一節我與一位數學天才好友討論、確認過了。

15 「因數分解的模式」──必須牢記的模式有幾個？

必須牢記的「因數分解模式」有七個！

作為因數分解這一章的收尾，我想整理一下「因數分解的模式」。當要理解、體現無形事物時，最好先進行「模式認知」。

不論是 power point 簡報的寫法還是運動，先整理出「現在學過的模式是什麼，有幾個？」就能加速成長。實際使用時，也可以很快從大腦的「抽屜」中快速找出「這一題是這種模式！」。換句話說它也有索引的功能。

那麼，我們馬上來整理「因數分解的模式」吧。

① 商圈方式

用於推算經營商圈生意的便利商店等店鋪／服務的「營業額」時。

② 車站方式

用於推算在人潮聚集地開店／設施,例如英文會話學校、健身房等的「市場規模」等。

③ 容留人數方式

用於推算以「座位」或「房間」等容留人數為起點的事業,如咖啡館、按摩店、飯店等的營業額時。

④ 面積方式

用於推測「抓住時機」事業的「市場規模」或沒有什麼線索的主題時。

⑤ 收銀機方式

推算顧客擁擠的店鋪(論點放在接待顧客,而非需招攬顧客的事業)的「營業額」等。

⑥ 存量與流量方式

指「持有者除以耐用年數,還原成 1 年的營業額」與「累計會員使用數除以使用頻率,還原成會員數」兩者。

⑦ 籃球人口方式

指「籃球人口有多少?」的解法。

除了這些之外還有很多。

如到目前為止所見，「漂亮的結構」是沒有意義的，靠自己想出來的比較重要。

所以，別再在意結構化，
自由地建立「○○方式」吧。

即使像「籃球人口方式」，只有這個問題才用得上的模式，也完全 OK。

各位不妨也和朋友一起動動腦，看看「因數分解的模式有幾種」吧。

費米推論是「值」

本章可以算是本書主題「費米推論」最大的重頭戲所在。我將提出三個在閱讀本章時，希望你務必具備的「心態」，請好好體會琢磨。

① 牢記「無解答的比賽」的 3 個原則＝擺脫「有解答的比賽」

② 一面讀自己也試著拆解本書的題目＝擺脫「吃瓜群眾」

③ 「數值的做法」也要熟記、背誦＝擺脫「理解就夠了」

各位還在「憑直覺隨便置入值就行了」的階段吧，本章將帶你們更上一層樓，進入專業的「數值置入法」的世界。

01 拿出「答案」的意義
——一切都從這裡開始

▌因數分解之後，是全力用科學解析 「建立數值」的部分

在因數分解之後，來談談「值」的部分。我想這一章應該可以消除你所有的煩惱，請仔細地品味，繼續往下讀。

費米推論是「無解答的比賽」，所以有可能只花 1 小時，也可能花到 10 小時。畢竟它沒有「答案」，所以也沒有終點。

但是，當顧問在跟客戶開會時，或是在顧問公司的個案面試中，遇到費米推論的題目，時間是有限的，第 8 章會提到細節，像貝恩策略顧問公司（Bain & Company）的時間限制是「3 分鐘」，而 BCG（波士頓顧問公司）是「5 分鐘」。

在這裡，我想問一個問題。下列的 A 和 B，你會選哪一個？

> A：暫時生出一個「答案」，但是整體上不完整
> B：過程很完美，但是拿不出「答案」

依我前面所教過的內容，絕大多數的人會選 B。但是，其實 A 的答案才會獲勝。

為什麼呢？

因為費米推論是「無解答的比賽」。
若不討論就沒有開始，也不會結束。

所以，沒有「數值」，就很難開始討論。

「暫時生出答案」超有價值的

舉例來說，請看看下面這段對話。想必各位都曾經有過這種雖然還能忍受，但覺得「喔—真受不了」的經驗吧（附帶一提，煩燥的時候，請回想「從煩到無」的理論。不知道的讀者，請參考我另一本書《改變的技術，思考的技術》）。

> 自己：你喜歡哪個藝人？
> 對方：藝人啊，我不太看電視ㄟ。
> 自己：沒關係，哪個藝人都行。你喜歡誰？
> 對方：我想想看哦，你是說交往還是結婚對象？
> 自己：哎，算了，換個話題吧。你最近有買什麼東西嗎？
> （這傢伙真難聊！＃＠＄）

這就是「聊不下去」的典型對話。

為什麼聊不下去呢？

因為沒有把對話帶到下一階段。如果不能隨便（也就是「不完整的答案」）說個藝人的名字，對話就進行不下去。

相對的，如果有個隨便什麼「答案」……

> 自己：你喜歡哪個藝人？
> 對方：真要說的話，大概就 YUKI、永作博美吧。

自己：這樣啊。你喜歡貓形臉吧。我們周圍有誰是這樣？

對方：有嗎？我想不出來。最近都沒有看到這種長相的吧。

自己：如果是這樣，安達祐實也是你喜歡的類型吧？

像這樣，對話就熱起來了。

費米推論是「無解答的比賽」，不討論就沒有價值。

所以，「不管是直覺還是隨便寫」只要有寫就行。

反正必須生出一個答案來。

此外，也有一板一眼的人會問：「雖然你這麼說，但是生不出來怎麼辦？」這樣的人請想像一下，當你碰到以下題目的時候……

? 赤坂某健身房的全年營業額有多少？
請在3秒內推算。
（另外，答不出來的話就剃光頭！）

各位認為如何？

3秒規則，而且「剃光頭處罰」，所以你也會立刻隨便答個「1億圓」之類的吧？

簡言之，不論什麼樣的問題，只要想生，就生得出答案來。說自己生不出答案的人，就只是「不想作答」而已。

在費米推論中，請把「生出答案」當作鐵則，也是禮貌。

「無解答的比賽」始於「表達立場」

「拿出答案」這個行為，用另一種角度看卻是「表達立場」。這種精神在「商業」以及「顧問工作」上都非常重要。

請想像一下。

當客戶問「應該往哪個方向走比較好？」時，如果回答「無法一概而論」或是「case by case」等一味逃避的話，能夠贏得對方的信賴嗎？

很難吧。

拿出勇氣，粗略地決定答案，如此才能推進「討論」。

這是我由衷的心得。

掌握費米推論者就能制霸商場！

02 「直覺」與「根據」──結果你會發現，到處都是「直覺」

費米推論正高潮時，總會一再自問說「是直覺嗎？」

由於費米推論是「基於常識‧知識，以邏輯計算未知的數字」，所以不管怎麼推算，過程中一定會加入「直覺」。但是，很多人不理解這一點，所以無法接近費米推論的本質。

費米推論充斥著「直覺」！

換個方式來說的話，當對象＝主管、社長或是客戶，你所說的數字如果和對方的常識相乘，結果「好像可以接受耶！」就 OK。這就是費米推論。而且在建立「值」的路上，有個必須放在心上、必須自問的一句話，那就是，

是直覺嗎？

每次在排列出的因數分解中置入數值時，希望各位能對自己置入的數字，問一句：「是直覺嗎？」

> 「是直覺嗎？」
> 如果是 YES！→那就想出某個根據「讓對方認同」。
> 如果是 NO！→那就 OK，先把這數字交給對方，投石問路一下。

實際操作時，什麼時候要自問 「是直覺嗎？」

首先，以健身房的市場規模為具體範例，示範一下。

具體來說，要怎麼計算呢？

用【健身房的家數】×【1 家店的營業額】來計算。

數字分別為「5,000 家店」和「1 億圓」，所以

簡略計算的答案是「5,000 億圓」。

再稍微分解一下的話，1 家店的營業額

以【平均 1 家店的會員數】×【月會費】×「12 個月」來計算，

數字分別為「1,000 人」「1 萬圓」和「12 個月」，

簡略計算的答案是「1.2 億圓」。

簡化後是「1 億圓」。

這樣的答案，我們假設 1 分鐘內算出來。

然後，就可以自問：「這是直覺嗎？」

建議你重新檢查自己的回答，尋找算式的各角落有沒有「直覺」。

很可能這個答案中，直覺成分最多的部分在這裡：

【平均 1 家店的會員數】＝ 1,000 人

如果直接交出去，對方也會覺得「是你的直覺吧？」而不予認同。既然如此，只要繼續分解就行了。

> 【平均 1 家店的會員數】＝【累計使用人數】÷【使用頻率】，
>
> 這裡的數字假設為「1 萬人」「每週 1 次」。
>
> 所以，會員數有 2,500 人。

也就是說，一邊自問「是自覺嗎？」一邊讓算式及因數分解都一起進化。

但是這還沒完呢。
還需要再問一次：「是直覺嗎？」

【累計使用人數】＝ 1 萬人

這一項看起來也有點像「直覺」。
另一方面，

【使用頻率】＝每週 1 次

這一項，可能連對方也會認同「嗯，平均來說的話大致是如此」。於是暫且先通過。

靠著自問「是直覺嗎？」自然而然地去探討該數值的根據／合理性。這便是「值」的生成方法，也是「進化」方法。

03 「範圍」是命脈 ──可信任的「最高與最低」之間的「溫情」

「無解答的比賽」當中，知道範圍就能安心

時代變化得真快，不久之前有支流行的廣告主打「牙齒是藝人的命脈」。我在課堂上，經常借用這句話來比喻費米推論「值」的計算，

> 「範圍」是費米推論的命脈

所以，這一節想來談談「範圍」。

費米推論中拆解的是未知的數字，所以不管再聰明的人用無限的時間，也提不出「這就是正確答案！」的數字。

所以才說「範圍」。

「範圍看起來在這與這之間」是一種安心元素，讓數字足以讓人信賴。如果你也大致這麼認為，就算是滿有領悟力了。

這次也將以「健身房」為題說明

抱持「範圍是命脈」的意識，試著拆解一下「推算健身房的市場規模」吧。

具體上該怎麼計算呢？

用【健身房的數量】×【1家店的營業額】來計算。

兩者數值分別為「5千家店」和「1億圓」，

所以簡略計算為「5,000億圓」。

再進一步分解的話，1家店的營業額，

以【平均1家店的會員數】×【月會費】×「12個月」來計算，

各別填入「1,000人」「1萬圓」「12個月」，

計算得到「1.2億圓」。

簡化之後，便是「1億圓」。

【平均1家店的會員數】成為最大論點。

用可以想像的健身房來說，最少也有500人。

以容留人數來看，極限是1,500人。

也就是說，健身房的市場規模為「2,500億圓～7,500億圓」。

（如果不簡化，則是3,000～9,000億圓。）

像這樣顯示「範圍」，很容易就能有可靠的討論。

舉例來說，假設各位正在思考「請為健身房的市場開發一項新服務」，於是提出這個範圍，可以發展成「假設能爭取到1%，就有25億～75億哦。這有點搞頭！」的討論。

再強調一次，費米推論是一場「用技術計算出無法調查、也沒有條理的數字」的比賽，所以，先了解「最少大約這個數字，最多也只到那個程度」的話，真的比較穩當。

04 檢查真實性是一種禮貌 ——保證其適當性

一定要檢查真實性。 這是費米推論的禮儀

各位還記得第3章中，曾說過「提出兩個以上的因數分解，選擇較好的一個」嗎？

這裡，我們就要來運用這個重點了。

檢查真實性，就能提高信賴度！

檢查真實性（Reality Check）這個詞，大家也許還不太熟悉，在商業用語／費米推論用語中，是指檢查「現在算出的值，真的是具有現實性的數字嗎？」也許你的計算式 OK，但是卻是紙上談兵，甚至是不可能的數字，因此必須檢查。

還有，雖然它有個「檢查真實性」這麼沉穩的名字，但是請放心，它的做法十分簡單。

? | 檢查真實性，就是用「不同」的因數分解來試算

那麼，這次也以「健身房的市場規模」為題，實際操作檢查真實性的做法。還有，我之所以不換題目，並不是我偷懶，而是在學習新概念時，運用教科書＝作為根據的範例，絕對會學得比較快。

具體上該怎麼計算呢？

用【健身房的數量】×【1家店的營業額】來計算。

兩者數值分別為「5千家店」和「1億圓」，

所以計算為「5,000億圓」。

再進一步分解的話，1家店的營業額，

以【平均1家店的會員數】×【月會費】×「12個月」來計算，

各別填入「1,000人」「1萬圓」「12個月」，

計算為「1.2億圓」。

試檢查真實性。

這次不用供給端，而是以需求端（使用端）做因數分解，

所以算式就變成【想去健身房的階層】×【去上健身房的比例】×【年會費】。

假設，市場規模定為5,000億圓的話，各數字分別為1億人、10萬圓的話，則去上健身房的比例就是5%。

粗略可以換算成20人中有1人上健身房，這數字看起來差不多。

像這樣用不同的方法得出相同的數字，就可以提高對數字的信任度。

檢查真實性乃家常便飯：顧問時代的「發毛」體驗

這裡稍微聊一下我在BCG時代的回憶。

我第一件個案（case，在BCG會耍酷地把專案稱為case）是新事業的計畫，要用費米推論來估算營收。

　　某次會議中，小組向客戶（不知是幸還是不幸，他在 BCG 待過）報告了從供給端得出的數字，剛說完「有○○億圓的潛力」時，對方立刻朝向我這個新手發問：

「高松先生，依這個數字，一名會員每月要付多少錢呢？」

　　附帶說明，他的口氣帶著當過顧問所特有的「高高在上」的味道（這麼說也許會惹他生氣吧）。

　　當時，我想都沒想地回答：

「100 圓。」

　　其實這段對話正是檢查真實性。直到現在我都還記得，當時心底有多麼感謝小組成員中的久保前輩。因為，在這次會議的前一天，他這麼對我說：

> 高松，客戶對我們的數字一定還無法信任，所以，你最好先做真實性檢查。從需求端出發，計算一名會員要花多少錢。

　　看清楚了，這就是顧問技巧，也是我認識「費米推論技術」後的第一次體驗。

　　值得一提的是，當時指導我的前輩，現在還在 BCG 擔任董事總經理暨合夥人，十分成功。真不愧是專業人士。

　　以上就是，檢查真實性乃是禮貌的故事。

05 普通的平均不如「加權平均」
——即使討厭算數，只要記住這一點就不會吃虧

請聽我解說本書唯一略難的算數 =「加權平均」

費米推論用的是四則運算（加、減、乘、除），計算起來雖然有麻煩之處，但是，算法並不困難。只有加權平均，真的只有這一個，會讓人覺得：「啊，這個好難，真討厭。」

話雖如此，用 1 分鐘就可以了解。

舉例來說，眼前有一份「儲蓄額的問卷調查結果」。

> 1,000 萬圓：10 人
> 500 萬圓：40 人
> 100 萬圓：100 人
> 10 萬圓：850 人

這裡如果問「平均儲蓄額是多少？」，你該不會這麼想吧？↓

（1,000 萬＋ 500 萬＋ 100 萬＋ 10 萬）÷ 4
＝ 402.5 萬
哇，大家都好有錢哦！

各儲蓄額的人數比例不同，所以簡單地用 4 去除，就會變得很奇怪。將「人數組成」加重比例計算出的平均值，就叫做

加權平均。

　　具體上應計算如下。

（1,000 萬 × 10 人＋ 500 萬 × 40 人＋ 100 萬 × 100 人＋ 10 萬 ×

850）÷ 1,000 人＝ 48.5 萬

　　你的感想也會變成：「哎呀，嚇死我了。我還以為只有我沒有儲蓄呢。」這就是所謂的加權平均。

　　既然提到它，我們就用費米推論的題目，來練習一下加權平均吧。

▎以「健身房」為題，練習加權平均

　　在「請計算健身房的市場規模」這一題中，試著思考「加入健身房會員的人數比例」。

　　分類之後，在各個分類置入「入會率」。

● 入會率（比例、目標人數為假設值）

國中生及以下：0%（1,500 萬人）

高中生：1%（300 萬人）

大學生：5%（300 萬人）

社會人：10%（6,000 萬人）

中高齡：5%（3,000 萬人）

　　各位，來算一下加權平均的入會率吧。

國中生及以下：0% × 1,500 萬人 = 0

高中生：1% × 300 萬人 = 3 萬

大學生：5% × 300 萬人 = 15 萬

社會人：10% × 6,000 萬人 = 600 萬

中高齡：5% × 3,000 萬人 = 150 萬

↓

（0 + 3 萬 + 15 萬 + 600 萬 + 150 萬）÷ 1 億 1 千 100 萬人
= 7%

所以，全國各地有 7% 人口「加入健身房會員」。

這就是加權平均。

大家了解了加權平均後，就可以推進到第 4 章的主菜「田字格分析」了。

06 製作值的重頭戲「田字格」 ——先來試試看吧

用「年齡層」分類的區塊是「萬惡之源」

說到費米推論，幾乎所有人都會用「年齡層」作分類，然後置入各別的值之後去計算。

在推算健身房的市場規模時，考慮到「健身房的入會率」，應該不少人會對下列以年齡層分類的方式有印象吧。

20 歲以下	0％
20 ～ 29 歲	5％
30 ～ 39 歲	20％
40 ～ 49 歲	15％
50 ～ 59 歲	30％
60 ～ 69 歲	30％
70 歲以上	20％

真的很多人做完這種表格，就心滿意足地認為「做出分類了！」但其實這種方式根本不能算是分類。

用「年齡層」區分，問題在哪裡？

為了怕各位重複犯同樣的錯，此處立刻列出問題點在哪裡。

50 幾歲、60 幾歲的人，入會率既然相同，根本沒有必要區分。

　　有些人在不同年齡層置入相同數字竟感到滿意，所以特別提醒大家注意。如果改變置入方式，例如將 50 幾歲的階層增加到 35%，似乎就解決了問題？但是其實還有更大的問題。

　　問題在於「各數字不具意義」。

　　太多人做的都是不具意義的分類。
　　再者，

30 幾歲：20%⇔ 40 幾歲：15%
乍看之下好像正確，但是你能解釋這「5%」的差別嗎？

　　無法解釋吧？這就是問題所在，因為這些都是隨意按照大一點、小一點的方式置入的「不具意義」數字。比方說 15% 代表 100 人當中有 15 人，約分之後，相當於 20 人中有 3 人。這種精確度其實無法讓人有感覺。

　　20%、15% 的差距，恐怕也只是「乍看起來似乎正確，但只不過是單純置入數字」吧，並不具有意義。對方看到這個數字自然也不會覺得：「我認同！來討論吧！」

　　當然，如果是進行問卷，想了解所有數據的時候，用「年齡層」分類的方法具有一定的價值。但是，那也只是「問卷這麼顯示，所以就寫下去」而已，並不值得信任。

就算是退一百步想，即使所有的數字都能「取得」，並具有其意義的情況下，

在費米推論處理的「未知數字」＝新事業潛力、**3** 年後的營業額等狀況中，也完全用不上，不具有意義。

那麼，該怎麼做呢？

這種時候不只獨擅勝場，而且還是建立數值的英雄、壓軸，就是接下來要說明的「田字格」。

當然，這次也以「健身房」為題，說明「田字格」的建立方法

說明得太抽象會不好理解，所以，我想先操演「田字格」一遍，說明怎麼樣動腦來建立。

當然，這次的題目也是「健身房的市場規模」。

具體上該怎麼計算呢？

用【健身房的數量】×【1 家店的營業額】來計算。

兩者數值分別為「5 千家店」和「1 億圓」，

所以簡略計算為「5,000 億圓」。

再進一步分解的話，1 家店的營業額，

以【平均 1 家店的會員數】×【月會費】×「12 個月」來計算，

各別填入「1,000 人」「1 萬圓」「12 個月」，

算出來為「1.2 億圓」。詳細來說，

【平均 1 家店的會員數】＝【累計使用人數】÷【平均使用頻率】，

兩者數字分別是 6,000 人、一週 1 次，

所以會員數等於 1,500 人。進而再分解【累計使用人數】，

【累計使用人數】＝【容留人數】×【平均周轉數】×【月營業日數】，

數字分別為 100 人、周轉 3 次，每月營業 20 日，所以等於 6,000 人。

到這裡為止都依照往例。

接下來，就輪到「田字格」出場了。

把可能會形成討論的因數「平均周轉數」做成田字格

「試做成田字格」是自創詞，意思應該是「不要用年齡層，而要用有意義的 2 軸切割／分成區塊」。在此必須更精密地思考、為了讓【平均周轉數】更簡單易懂，而製作「田字格」。

> 「田字格」在商業術語中又被稱為「2 × 2」，用 2 個軸分成 4 個象限、範圍、區塊來思考，通常稱為「田字格」。

具體來說，是下圖的感覺。

平均周轉數（周轉）

縱軸：？

？

？

？ ？

橫軸：？

來，開始寫囉

‧田字格：【平均周轉數】

‧其中的數字，每一區塊的數字：周轉多少次？

186

接下來讓我說明該怎麼思考。

區隔（segmentation）就是分割，所以置入的數字，就這一題來說，必須與【平均使用頻率】的數字不同，才有意義。而且，其中的數字也必須有差距才有意義。

因此「田字格」中的數字，應該像下面這樣「有些差距」會比較好。

・周轉 10 次
・周轉 5 次
・周轉 2 次
・周轉 1 次

反過來說，我們是要找出這個結果的「縱軸・橫軸」，講得雖然簡單，但這裡卻是最精彩的片段。

> 並不是要「決定縱軸、橫軸 2 軸後的數字」，而是要「回想有差距的數字，來決定 2 軸」。而且 2 軸若不能形成有差距的數字，就沒有意義。

該怎麼思考田字格的 2 軸？

想像一下「哪個時段周轉率更好？（＝人多嗎？）」來決定 2 軸。

這個時候，我希望各位特別記住「周轉最多的時段（＝最擁擠）」，以這題來說，就是「啊－那個時段擠得不像話」的時段。原因是極端的區塊比較容易理解。

第 4 章　費米推論是「值」

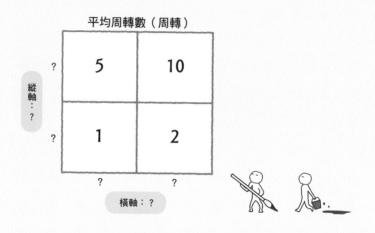

平均周轉數（周轉）

縱軸：？

橫軸：？

　　此外，建議將左下象限設為「bad ＝小、少」，右上象限為
「good ＝大、多」，比較符合直觀。總而言之，讓「右上」最
為重要。

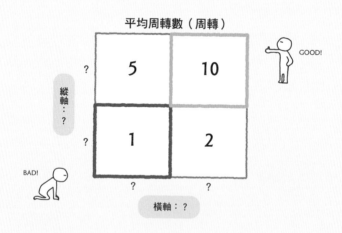

平均周轉數（周轉）

GOOD!

縱軸：？

BAD!

橫軸：？

　　從這裡開始，全力發揮「經驗」和「邏輯」，來決定2軸。
不過，也可以自問：「平常去的健身房，到底什麼時段最擁擠
呢？」

印象中，週六日的早上或晚上最擁擠。

考慮到上班族的休息日，那時段也最適合上健身房。

　　所以，2 軸確定了。

第 1 軸＝「平日 or 週六日」

第 2 軸＝「早＋晚 or 下午」

　　接下來，用這兩軸實際寫成「田字格」看看。

· 周轉 10 次＝「週六日」×「早＋晚」

· 周轉 5 次＝「平日」×「早＋晚」

· 周轉 2 次＝「週六日」×「下午」

· 周轉 1 次＝「平日」×「下午」

　　這樣一來，「田字格」就如下所示。

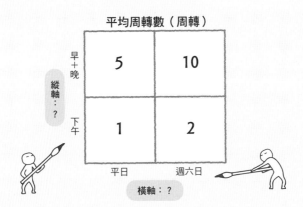

平均周轉數（周轉）

右上＝「週六日」×「早＋晚」：周轉10次

左上＝「平日」×「早＋晚」：周轉5次

右下＝「週六日」×「下午」：周轉2次

左下＝「平日」×「下午」：周轉1次

第 4 章　費米推論是「值」

正因為是「無解答的比賽」
所以才能發揮威力

無解答的
怪獸

正因為費米推論是「無解答的比賽」，所以各數值單獨考慮的話，很難討論「正確？不正確？」但是，如果有比較的話，就可以形成討論。

● 「無解答的比賽」的戰法有３個

①「過程很性感」＝

從性感的過程算出的答案也很性感

②「建立２個以上的選項，從中選擇」＝

比較這些選項，選「比較好」的那一個

③「炎上、討論不可少」＝

討論是大前提，有時非得炎上（猛烈批判）不可

這三項中的②，正是製作「田字格」的意義！

也就是說，利用４個象限之間的比較，確定結果。由於單一個值並沒有意義，所以經由４個數值的比較，來贏得「認同」。

就這次的案例來說，結果如下：

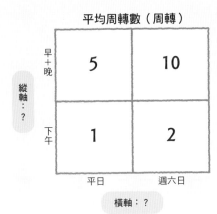

平均周轉數（周轉）

縱軸：？

早＋晚 5 10

下午 1 2

平日　　　週六日

橫軸：？

右上＝「週六日」×「早＋晚」：周轉10次
左上＝「平日」×「早＋晚」：周轉5次
右下＝「週六日」×「下午」：周轉2次
左下＝「平日」×「下午」：周轉1次

請看著圖確認以下問題。

· 「週六日」與「平日」相比，「週六日」較擁擠，你覺
得對嗎？
· 「早＋晚」與「下午」相比，「早＋晚」較擁擠，你覺
得對嗎？
· 「週六日」×「下午」與「平日」×「下午」相比，又
是如何？

看著圖，對這三個問題進行比較，就可提升4個象限值的
可信度。這部分若有前後不符的狀況，就表示有些不太對勁。

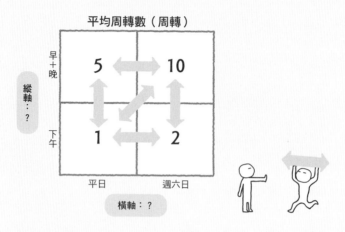

最後把重點重複一次。

前面的年齡層的「表」完全是「有解答的比賽」。其著眼點在於每個分項的數字，只是單純地置入而已。

相對而言，「田字格」的著眼點是在各象限放入相對的「大小」值，所以才性感。而且也最適合「無解答的比賽」的費米推論。

07 「田字格」研究所 ——步驟與注意事項

學習製作「田字格」的 5 個步驟！

　　這一節，我想解釋「田字格」的製作方法，同時也說明注意事項和陷阱。

第 1 步：決定用哪個因數
第 2 步：決定 4 個區塊／象限的數字
第 3 步：檢查是否是「質」的分割，而不是「量」的分割
第 4 步：檢查 4 個區塊／象限是否對得上
第 5 步：最後是真實性檢查，並計算加權平均

第 1 步：來決定用哪個因數吧

第一步，說得再細一點，就是在分解成的 5 ～ 7 個因數中，決定哪一個適用於「田字格」。

選擇的標準如下。

· 選擇最可能有爭議的因數。

· 選擇「平均」＝混雜地置入數字會感覺不妥的因數。

· 特別一提，因為要「分割」，所以要選與人們行為有關係的部分。

「可能有爭議」是指，聽眾無法領會，而且「結果會因為該數字產生分歧」的因數。也就是聽眾會冒出「怎麼會有這種數值？」「不會更大一點嗎？」等直率意見的因數。

第 2 步：決定 4 個區塊／象限的數字

是因為「數值差別很大」才要分象限，所以，置入的數字必須有一定的差距。因而，請將置入的數字想像成圖的樣子。

例如：以「健身房的市場規模」的「加入會員比率」來說，會是如下這樣表現。

右上：100％＝「這階層大多都入會」

左上：75％＝「對對，好像 4 人中有 3 人入會」

右下：50％＝「印象中有一半的人都加入了」

左下：25％＝「即使加入，4 人中也只有 1 人」

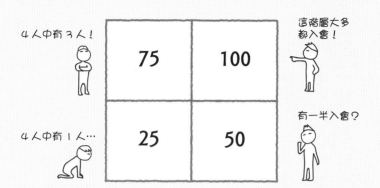

在賦予這樣的差距下，請注意要置入「容易取得意義」的數字。反過來說，「難以取得意義」的數字，最代表性的就像「60％＝5人中有3人」。從5人中有3人這種精確度所看到的現象，某種程度上屬於「半吊子」，是費米推論基本上不處理的部分，所以這種時候應置入「50％」就好。

第3步：請檢查分割的是否是「質」，而不是「量」

用「田字格」分割區塊是為了「將值拉開差距，讓值不同」。所以第一優先就是區塊的「值（＝入會率）的差異」。所以，從結果來說，當然4個區塊的「量（＝符合該區塊的人數／結構比例）」也會差異很大。

因此，「田字格」設得好的時候，「數值有差距，但各區塊的量卻沒什麼差距的話會很奇怪」。

舉例來說，以「健身房的市場規模」的「加入會員比率」來說，就會如下述。

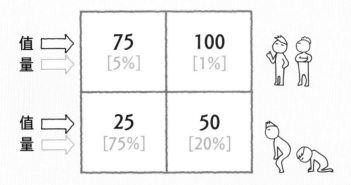

> 右上：100%＝「這階層大多都入會」＝占全體的1%
> 左上：75%＝「對對，好像4人中有3人入會」＝占全體的5%
> 右下：50%＝「印象中有一半的人都加入了」＝占全體的20%
> 左下：25%＝「即使加入，4人中也只有1人」＝占全體的75%

　　此外，左下的「量」，若全體以100％來計算，減去前三項應該是74％，不過在費米推論中，設75％也沒有關係，因為，這種誤差在可認知的顆粒度上可以不計。

　　所以，如果你做的「田字格」的構成比例如下：

> 右上：全體的25%
>
> 左上：全體的25%
>
> 右下：全體的25%
>
> 左下：全體的25%

　　你可能搞錯了吧？希望你回去再複習一下「田字格」的定義，然後重新建立一次。

第4步：請檢查4個區塊／象限是否對得上

4個值有沒有矛盾很重要。

分別加以比較時，

不要在意各領域值的絕對值，而要看相對上是否吻合。

請務必檢查、確認這件事。

此外，在比較時，即使發現「啊－這個值好像應該再少一點」，但基本上就如前面所說，只要是以「有意義的數字」優先就行了。開始比較後，如果老是在調整細目上打轉，就不是費米推論了，而只是單純的「因數分解，置入各區的數字」而已。

第5步：最後是真實性檢查，並計算加權平均

最後，利用「田字格」的值與構成比例，試做加權平均。一旦加權平均的數字出來，有時就可以開始「太大」或「太小」的討論了。

當然，這裡也有必須注意的地方。

行銷業界經常聽到這樣的說法：「事實上並不存在平均值的人」或「平均值的陷阱＝實際上只存在極大或極小，然而大家誤以為在中間的平均值是存在的。」請特別注意並檢查。

那麼，就用以下的例子來做真實性檢查吧。

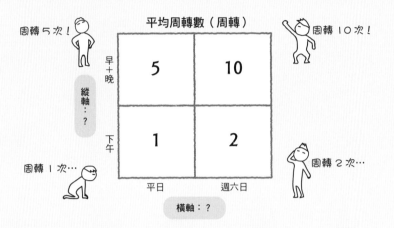

其中的數字，每一區塊的數字：周轉多少次？

右上＝「週六日」×「早＋晚」：周轉 10 次
左上＝「平日」×「早＋晚」：周轉 5 次
右下＝「週六日」×「下午」：周轉 2 次
左下＝「平日」×「下午」：周轉 1 次

試算出構成比例如下：

「平日」：5 天
「週六日」：2 天

接近「70％／30％」。

而「早＋晚」與「下午」的占比，粗估為「50％／50％」。

所以，構成比例如下：

右上＝「週六日」×「早＋晚」：周轉 10 次 ＝ 15%
左上＝「平日」×「早＋晚」：周轉 5 次 ＝ 35%
右下＝「週六日」×「下午」：周轉 2 次 ＝ 15%
左下＝「平日」×「下午」：周轉 1 次 ＝ 35%

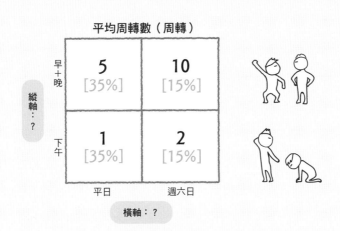

所以，經計算之後，就得出下面的答案。

周轉 10 次 × 15%＋周轉 5 次 × 35%＋周轉 2 次 × 15%＋周轉 1 次 × 35%＝周轉 3.9 次≒周轉 4 次

　　從以上可以掌握到「粗略而言，時段＝約 6 小時，周轉 4 次」的印象。這個數字應該也會給人「嗯，差不多吧？」的感覺。如果出現的是接近「周轉 1 次」或「周轉 10 次」的數字，反倒會讓人覺得「沒有那麼空吧」「並沒有這麼擠」。

各位，都學會了嗎？
這就是分割的本質，也就是「田字格」！

費米推論的講述技巧——必須表現的「思考方式」「工作方法」

這一章將說明費米推論的「講述技巧」，但是它的內容將延伸到「顧問的講述技巧」，甚至是「全套商業溝通」。也就是說，讀完這篇即可一石二鳥、一石三鳥，甚至一石 n 鳥。

此外，建議學習本章時，不只用眼睛看，還要讀出「聲音」，不只是用腦記憶，請用「以口記憶」的意象進行。

讀完之後應該就能了解了，但為了「如實傳達」，在細小的地方都有講究的必要，可以說費米推論的精髓就藏在細節中。

01 傳達才有意義／討論才有價值
——「苦澀的回憶」

從「過去的苦澀回憶」得到的教訓，傳達的技術真的很重要

　　費米推論，只有傳達才有意義，討論才有價值。不管你如何全力發揮第 3 章和第 4 章學到的「費米推論技術」，即使建立了性感的因數分解＋絕妙完美的值，沒有傳達出去的話，就沒有意義。

　　其實，我自己就有一個苦澀的經驗。即使到了現在，光是回想都會令我冒出冷汗。

　　在 BCG 當上專案組長（project leader），第一次作簡報的時候，在公司高層齊聚的場面中，我有個機會說明小組一起完成的「新經營體制、人員推算」的模擬預測（當然是運用費米推論的技術）。但是，我剛開口說了不到 15 秒，副社長就發話了：

完全聽不懂。
不知在講些什麼。

　　杉田主任立刻接過去用白板說明，總算沒有釀成災難。會議後，我自然被臭罵了一頓：「簡報功力太差，會折損資料的價值。你要多練習。」

希望大家不要也犯了我的錯誤。

所以，第 5 章的主題是「講述技巧」。

簡報的內容有沒有打動人心還在其次，我被批評的是「聽不懂在說什麼」。為了讓各位不用經歷這種屈辱的感受，我將徹底地將講述技巧傳授給各位。

思慮深刻的人往往不擅言詞

反過來說，就變成「口才辨給」的人思慮淺薄。

然後呢。

我認為，看這本書的各位最強讀者的弱點會是＝「不擅言詞，最害怕溝通」。

當然，我也會照例解釋，傳授講述技巧。

思慮比別人深刻，思想會變得複雜，卻想要全部表現出來。因此只是欠缺了把思慮說出來的技術而已。

所以，不妨讚美自己口才笨拙是因為「思慮比別人深刻！」然後請努力地，好好地了解這一章吧。

02 常言道「必須從結論說起」 ——其真正的價值是什麼？

費米推論中的「從結論說起」價值無限大

在費米推論中，不論問到什麼，都可以套用「Conclusion First」＝「應該從結論說起」。舉例來說，對方問到「健身房的市場有多大？」當然，「從結論說起」是商務的基本，所以，我們會這麼說：

回答＝「5千億圓。」

簡言之，一開始就回答對方想要知道的事，是一種禮貌。「答在論點上」更是基本動作。

而且，在費米推論的時候，它還有更深的意義和價值。

正因為不容易說明，「讓對方產生論點」才重要

在費米推論中，讓聽者理解是很不容易的事，畢竟一定會提到因數分解。正因如此，從「值」開始說明，才具有重要的意義。

> 具體地提示「值」，藉此讓對方產生「論點」。「論點」就是令人在意的疑點／不舒服的點。

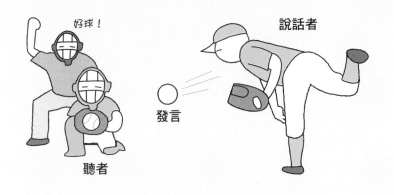

好球！

說話者

發言

聽者

另外，「論點」聽起來很深奧，現在請先想成「令人在意的疑點」。後面會再說明。

費米推論本來就是「無解答的比賽」，因數也很複雜，甚至還會出現心算，所以需要抓住聽者的注意力，否則什麼都傳達不到。它和玩著手機也可理解的閒談性質不同。所以，最重要的是先讓聽者產生興趣。

了解讓聽者「產生論點」的意義

用具體範例來說明吧。

舉例來說，面對「健身房市場有多大？」的問題，立即給出「5千億圓！」的答案，聽者的腦中會浮現出什麼樣的問題呢？

很可能是這種感覺吧↓

> ・這個值會不會太大？會不會太小？（＝違和感）
> ・如何計算出來的？（在意的點）
> ・哪個因數跟自己的親身體驗不同？（＝更在意的點）

讓聽者產生「違和感」→形成「在意的點」，就能引發他「非聽不可！」的心情。這就是「讓聽者產生論點」的意思。

到了這種地步，形勢就掌握在我方手中。即使說明稍微笨拙，但聽者的「好奇心」已經被勾起，他會認真聽你說。

「前提」或「理由」都是次要。
先說「結論」＝○○億圓！

在說明費米推論的結果時，不是先講

理由＝「計算還不嚴謹」
前提＝「說明計算結果之前，先告知前提」

而是先講

結論＝「○○億圓！」

費米推論，就是在預測未來、算出沒有人知道的數字，真的是一場「無解答的比賽」，所以，必須讓對方自發性地產生／建立「論點＝違和感→在意點」，否則無法開始。

　　聽別人說話，本來就有壓力，更何況是複雜又麻煩的費米推論，普通人根本一點興趣都沒有，或者是很快就 LOST（露出「聽不懂在說什麼」的迷茫表情）掉了。

　　不只是費米推論，不論傳達什麼事情，靠著「從結論說起」，讓對方「產生論點」都非常重要。

03 結構與值分離。順序為「結構」→「值」

「結構」與「值」不可混為一談。這是講述技巧的根本

各位了解了費米推論中，「一開始先說值」的真正意義後，當然我們就要談到「內容該如何傳達」的問題。

你在回答提問時的「表達方法」，有個大原則。

· 「結構」與「值」分離
· 先「結構」再「值」的順序

稱它大原則，是因為不只是在費米推論，所有的「商務溝通」都適用這個原則。

而且，在費米推論中，要依照下列順序說明。

---

① 「算出的值」（別人詢問時的答案、回答）
② 「因數分解」（結構）
③ 「每個因數的值」（值）

我用「說話的方式」來寫，請仔細看

接下來，就以「推算健身房的市場規模」為題，說明正確的講述技巧吧。我會用實際說話的口氣來寫。

健身房的市場規模是「5,000 億圓」。

具體來說，是怎麼計算出來的呢？

是用【健身房的數量】×【1 家店的營業額】計算出來的。

這兩項的數字分別是「5,000 家店」和「1 億圓」。

計算出來就是「5,000 億圓」。

注：灰色標記是值，紅色標記是結構（以下同）。

套用剛才的原則，就會出現下面的結果，非常明快吧。

① 「算出的值」＝健身房的市場規模是「5,000 億圓」。

② 「因數分解」（結構）＝用【健身房的數量】×【1 家店的營業額】計算。

③ 「每個因數的值」（值）＝分別是「5,000 家店」和「1 億圓」。

在費米推論中，「因數分解式＝結構」「各因數的值＝值」，所以就會得出這個結果。

結構和值絕對不可混雜。不只是「開始」，「過程中」也一樣

不論什麼時候，都必須使用「結構」和「值」分離的講述技巧。所以，現在我們以剛才「推算健身房的市場規模」為題，用加長版本再體驗一次。

健身房的市場規模是「5,000 億圓」。

具體來說，是怎麼計算出來的呢？

是用【健身房的數量】×【1 家店的營業額】計算出來的。

這兩項的數字分別是「5,000 家店」和「1 億圓」。

簡略計算是「5,000 億圓」。

再就【1 家店的營業額】來分解的話，

1 家店的營業額

以【平均 1 家店的會員數】×【月會費】×「12 個月」來

計算，

三項數字分別是「1,000 人」、「1 萬圓」、「12 個月」，

簡略計算是「1.2 億圓」。

可以看到，一開始就用「結構」＋「值」說明：

①「算出的值」＝健身房的市場規模是「5,000 億圓」。

②「因數分解」（結構）＝用【健身房的數量】×【1 家店
的營業額】計算。

③「每個因數的值」（值）＝分別是「5,000 家店」和「1
億圓」。

之後，又提示了新結構，並以值來說明。

②「因數分解」（結構）＝以【平均 1 家店的會員數】×
【月會費】×「12 個月」來計算，

③「每個因數的值」（值）＝分別是「1,000 人」、「1 萬
圓」、「12 個月」，

費米推論的講述技巧也適用於「商務溝通」，兩者可以說完全一樣

學會了費米推論的「表達方法」之後，所有的溝通都會提升一個檔次。

◉ 當別人問「你的興趣是什麼？」時的回答

> 我的興趣大致有 3 種。
> 第 1 種是「足球」
> 第 2 種是「麻將」
> 第 3 種是「YouTube」

好像在哪裡聽過「大致有 3 種」這種說法。其實這也是「結構」與「值（＝內容）」分離的講述技巧。這種方式是先提示結構：「現在要說明的事項有 3 項」，然後再一一說明值（＝內容）。

> 「因數分解」（結構）＝我的興趣【大致有 3 種】
> 「值」＝第 1 種是「足球」，第 2 種是「麻將」，第 3 種是「YouTube」

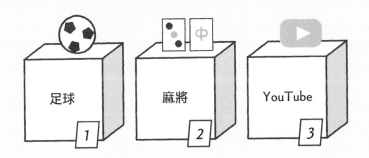

足球　麻將　YouTube

1　2　3

不用「數字」，
而用「分類」來展示「結構」也可以

　　以下是不用「數字」（如「大致有 3 種」）來表現結構，而是一種更強烈地展示「結構」的方法，也一樣沿用「結構」與「值」分開傳達的原理。

> 我的興趣【戶外】【室內】都有。
> 【戶外】是足球，
> 【室內】是「麻將」和「YouTube」。

　　這種方式是先展示【戶外】【室內】的結構，之後再一一說明值（內容）。

最後,再看一次剛才的講述技巧, 好好琢磨「結構」與「值」的分離

健身房的市場規模是「5,000 億圓」。

具體來說,是怎麼計算出來的呢?

是用【健身房的數量】×【1 家店的營業額】計算出來的。

這兩項的數字分別是「5,000 家店」和「1 億圓」。

簡略計算是「5,000 億圓」。

再就【1 家店的營業額】來分解的話,

1 家店的營業額

以【平均 1 家店的會員數】×【月會費】×「12 個月」來計算,

三項數字分別是「1,000 人」、「1 萬圓」、「12 個月」,

簡略計算是「1.2 億圓」。

各位,在說話時請務必把「結構」和「值」記在心上。

第5章 費米推論的講述技巧——必須表現的「思考方式」「工作方法」

04 真正必須傳達的不是「值」
—「無解答比賽」的 3 原則

「表達方法」當然也是「無解答的比賽」

在解釋講述技巧的小規則／ Tips（在顧問業界，會把「竅門」叫做 Tips）之前，我想提醒一件重要的事。

> 費米推論是「無解答的比賽」。
> 因此，必須說明的「著力點」也不同。
> 光是提出答案，並不是「正確答案」！

不管計算得多麼精細，也沒有標準可以判斷符不符合聽者的需要。正因如此，似乎很多人對於「說明時把重點放在哪裡」有些誤解。

「無解答的比賽」的戰法，你還記得嗎？

「無解答的比賽」的戰法只有 3 個。

> ①「過程很性感」＝
> 從性感的過程算出的答案也很性感
> ②「建立 2 個以上的選項，從中選擇」＝
> 比較這些選項，選「比較好」的那一個
> ③「炎上、討論不可少」＝
> 討論是大前提，有時非得炎上（猛烈批判）不可

1 過程很性感

2 有 2 個以上的選項

3 炎上、討論不可少

　　將這套「無解答的比賽」的戰法，套用在「費米推論的傳達方式」時，結果如下。

①「解法」比「值」重要＝
　　得出答案前的「思考方式」比什麼都重要
②「拆解時，盡可能建立2個以上的解法」＝
　　尤其是因數分解，應提出兩種分解法
③「不是報告‧說明，而是討論」＝
　　經過討論，與聽者一起建立起意識

　　好，接下來，我會輕快地介紹從明天起「希望各位模仿的技術」。

05 「說到怎麼算出來的…」
——要表達出對方的論點

如果想提升費米推論的說明能力，請牢記「措辭」

其實，接下來要談的「傳達方式」「措辭」，在第 2 章等處就已經介紹過。這裡再次提到，並且以科學的角度說明「為什麼必須這麼做」。

本章「健身房的市場規模」的範例如下↓

健身房的市場規模是「5,000 億圓」。

具體來說，是怎麼計算出來的呢？

是用【健身房的數量】×【1 家店的營業額】計算出來的。

這兩項的數字分別是「5,000 家店」和「1 億圓」。

簡略計算是「5,000 億圓」。

再就【1 家店的營業額】來分解的話，

1 家店的營業額

以【平均 1 家店的會員數】×【月會費】×「12 個月」來計算，

三項數字分別是「1,000 人」、「1 萬圓」、「12 個月」，

簡略計算是「1.2 億圓」。

上述「具體來說，是怎麼計算出來的呢？」部分，是我懷著崇高的心情使用過，希望大家牢記在心的措辭。這種匯報方式，我稱之為「展示論點的講述技巧」，請各位也盡量這麼稱

呼它。

想要避免費米推論最具代表的「LOST」（＝茫然不知現在在說些什麼），動用聽者的思考力是不可少的要件。「論點」＝提出問題，聽者聽到「現在重點來了」，就會集中精神，所以更能傳達給聽者。

那麼，為了讓各位感受「展示論點的講述技巧」，我想模仿出川哲郎（譯注：日本資深搞笑藝人、主持人）的誇張口吻，來說明「健身房的市場規模」。

健身房的市場規模是「5,000 億圓」。

至於具體來說，是怎麼計算出來的呢？

是用【健身房的數量】×【1 家店的營業額】計算出來的。

至於這兩項的數字分別是多少呢？

答案是「5,000 家店」和「1 億圓」。

至於簡略計算起來會是如何呢？

答案是「5,000 億圓」。

再就【1 家店的營業額】來分解的話，

1 家店的營業額要怎麼計算呢？

是以【平均 1 家店的會員數】×【月會費】×「12 個月」來計算，

這幾項的數字會是多少呢？

分別是「1,000 人」、「1 萬圓」、「12 個月」，

至於簡略計算起來，結果會如何呢？

結果是「1.2 億圓」。

各位覺得如何？

藉著丟出「問題」，內容會更容易聽懂。

老實說，從經驗法則來看，像費米推論這種「麻煩透頂的說明」，如果不用煩膩細緻的解說，所有人都會昏昏欲睡。因為當你使盡渾身解數說完，卻得到「我迷失了（I'm lost）」的迴響，那可真是悲劇啊。

▍一石二鳥！「展示論點的講述技巧」在商業會話中當然也能用！

前面已經說過，費米推論的傳達方法並不特殊，全都是商業溝通時用得上的方法。

例如，請想像「向本公司說明服務的業務員」。

說到這次，想提案的內容是什麼呢？

大致有三項。

第 1 項，功能比以前更好用。

第 2 項，價格體系也改變了，支付額會配合使用量而改變的從量制。

至於最後的第 3 項是什麼呢？

是令人眼睛一亮的售後服務。

如上述，使用「展示論點的講述技巧」，可以集中聽者的「注意力」，是最佳的講述技巧。

06 不要用「約」「大概」
——矛盾藏在這裡面

▌可不可以別再用「約」「大概」了？

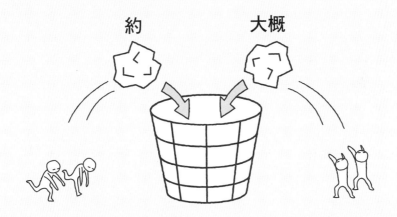

約　　　大概

　　並不是因為「魔鬼藏在細節裡」，但是匯報方式太在意細微部分，可能會使聽者太放鬆了。

　　其實，在本書中刻意避免以下的用詞：

> 「約」
> 「大致」
> 「大概」
> 「大略」

　　當然，我也不是不知道，大家「想加上這些字的心情」。不過，今後請大家不要再用了。

原因很簡單。

因為加了也沒用。

因為費米推論是「無解答的比賽」，基於常識‧知識以邏輯計算未知的數字，所以你的整個說明，不論擷取哪一段，全部都是「推論」都是「約」。所以如果題目是「請推算」的話，不用明講也知道是「約」，再加「約」只是多餘。

還有，費米推論的說明本來就很複雜，不需要的詞彙最好盡可能排除，不要動用到聽者的 CPU 比較好。

另一點，也許是我的世界觀，在推估數量的世界裡加了「約」，會給人「某種程度上是對的」的感覺，十分可怕。

而且加了「約」，即使算出的因數分解中「某個因數靠直覺置入」這件事，也就變得不稀奇了。這麼一來，明明是「直覺」，加了「約」反而增加了可信度的感覺。

所以，我對各位讀者有個請求：

今後就算是產生戒斷症狀，也請不要再用任何「約」或「大概」。

07 「……計算出來」白七的用語 ——不說沒必要的話

■ 和「約」一樣無用的措辭，都請「排除」

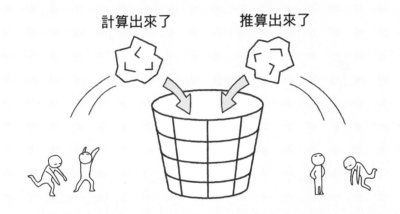

計算出來了　　　推算出來了

　　接下來請容我簡略說明。原因和「約」一樣，請大家盡可能避免說「計算出來」這種措辭。費米推論本來就是「計算」，沒有必要加這個詞。

　　那麼，我們用「錯誤範例」來看看。

> 健身房的市場規模，計算出來是「5,000 億圓」。
> 是用【健身房的數量】×【1 家店的營業額】計算出來。
> 各別計算出來，是「5,000 家店」和「1 億圓」。
> 所以按簡略計算，計算出來是「5,000 億圓」。

各位認為如何？

很囉嗦，對吧。

真的很想吐槽！
當然是計算啦還有別的嗎？

稍微把視角拉高一點，匯報方式、講述技巧當然是「無解答的比賽」，而詞彙的選擇當然也沒有答案。因此，「想到兩種以上的表達方式，從中選擇」的思慮十分重要。

多餘的詞語，也應視情況選擇「說或不說」，當某種情況下「說比較好」的時候，當然也可以說的。

08

數字要「簡化」
──細瑣數字產生的「精確感」只是假象

費米推論的結果，「尾數」也要如實傳達嗎？

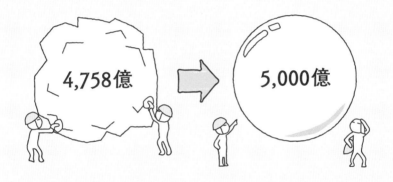

因為真正會的人很少，所以這裡我會講解得比較細。

這一節我們來談「算出的數字」。各位會不會認為「精確的數字比較好」，因此會如實傳達算出的數字呢？

但是，這絕對是 NG 的行為。

舉例來說，假設費米推論算出的數字是「4,758 億圓」，不只是「4,758 億圓」難以接受，事實上，連「4,750 億圓」也得出局。

不妨認為只要數字沒有簡化，全部都出局。

豈只是出局，我甚至希望「不會簡化數字」的人，去把腦袋也簡化一下。

為什麼非得簡化不可？

「既然計算出來了，照實說出數字不是比較好嗎？」這種想法我很了解。但是，不能這麼做。

舉例來說，假設在健身房市場規模的題目中，你提出的答案為「4,750 億圓」。

太恐怖了。

這麼說一點也不誇張。我希望「太恐怖」的感覺在各位心中生根發芽。

為什麼呢？畢竟費米推論只不過是以邏輯／思考力推測未知的數字、沒有來由的數字，如果宣稱答案是如「4,758 億圓」般，可以精確到這麼多位數的話，勢必會讓聽者產生兩個誤解。

誤解＝「所以能算出這麼精細的數字？」
＋
誤解＝「你真的了解什麼叫『費米推論』嗎？」

簡直不要太恐怖。

所以，必須根據聽者感受到的印象，來思考你的傳達方式，也就是說必須做數值簡化。

那麼數字要簡化到什麼程度才好呢？

「4,750 億圓」這個數字恰到好處所以 OK！──很遺憾，這種情形不會發生。從聽者的角度來看，「原來如此，既不是 4,500 億，也不是 5,000 億，而是 4,750 億呢」，可能產生誤解：明明不應該算得這麼精細的，卻算出這麼精細的數字來。

當然，那個人如果精通該業界，那倒是沒有問題，但是基本上，拆解的是未知的數字，所以不應該能捕捉到這樣多的位數。像健身房市場這一題，「以 1,000 億起跳來說，4,000 億圓有可能，但似乎還不到 5,000 億、6,000 億的程度」的說法應該就是極限了。

所以，「不簡化」會很奇怪。

最後容我再說一次。

這是我愛說的話：

「不會簡化數字」的人，請把腦袋簡化一下。

09

「單純計算的話」
──用第三者視角思考的價值

▌「單純計算的話」這樣一句話
就能給聽者安心感

費米推論是「無解答的比賽」，所以，過程必須性感才行。這個原理原則，可以說是本書的存在意義。正因為如此，在費米推論中解說時，有件事必須注意，那就是先體認到現在要說明的費米推論解法，是平凡還是特殊。

是「別人算也是這結果，我也這麼算」的「平凡」解法呢？還是「因為我算才得出的結果，所以我這麼算」的「特殊」解法？

因為我們想掌控「聽者的緊張感」。

如果是「平凡」的解法，對方輕鬆聽聽就可以，但是，如果是「特殊」的解法，就必須讓對方聚精會神的聽。

由此，即使說的是同一件事，聽者的理解度也會不同。

很深奧吧？

好，回到主題。

所以呀，所以，

在費米推論的說明中，請務必要把↓

「單純計算的話」（素直に計算すると）

當成展示因數分解的開場白。

「單純計算的話」
是迴響在深層心理的特別措辭

這次說明也以「健身房的市場規模」為例。

> 健身房的市場規模是「5,000 億圓」。
> 具體來說，是怎麼計算出來的呢？
> 單純用【健身房的數量】×【1 家店的營業額】計算。
> 這兩項的數字分別是「5,000 家店」和「1 億圓」。
> 簡略計算就是「5,000 億圓」。

其實，這個「單純計算」有更深的意涵。

與費米推論＝「無解答的比賽」有深刻的關係。

簡單來說，因為沒有解答，所以必須用答案出現前的過程
（＝思考方式、計算方法）來吸引聽者。以過程來獲得聽者的
認同。總之，「單純計算的話」這個措辭的背景有著下列的「思
慮」：

> 這不是自我中心式的解法，而是把「一般來說」、「如果
> 是各位的話」的解法放在心上，思考、計算出來的。

我想，各位也曾有過，淺談幾句就能感受到「這個人很聰
明、不聰明」的經驗。它也是一句句措辭／用語累積而成的。
反之，如果想不出單純的解法，提出個人風格、特殊解法的時
候，就使用下面的措辭吧。

這個解法用了個小技巧……

BCG 時代的恩師加藤廣亮告訴我：「簡報進步的竅門在於
增加『開場白』。用一些措辭在切換投影片時作為過場，會比
較容易讓人繼續聽下去。」

各位，從今天開始也趁這個機會多多蒐集「開場白」吧。

10

沒被選到的因數分解式也要說
——從 2 個以上解法中選擇的
可信度

讓對方產生「原來幫我想得這麼周到」的感覺

②「拆解時，盡可能建立兩個以上的解法」＝尤其是因數分解，應提出兩個

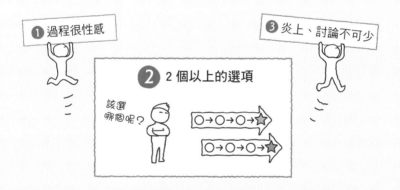

只有算出的值，或說光靠值無法判斷「是好還是壞」。所以，如何做因數分解＝在多個分解式中選擇哪個方式，會形成比值更重要的論點。

所以，刻意提出「兩個因數分解做法」加以比較，之後再表示「所以選擇這一種」的做法十分重要。

請注意，這一段也用口語的方式撰寫

健身房的市場規模是「5,000 億圓」。

具體來說，是怎麼計算出來的呢？

單純用【健身房的數量】×【1 家店的營業額】進行計算。

這兩項的數字分別是「5,000 家店」和「1 億圓」。

簡略計算就是「5,000 億圓」。

除此之外，也想到另一種做法。

是從使用健身房的消費者端來考慮。

經過比較之後，選擇了上面的方法。

各位覺得如何？

最後的幾句話提高了「可信度」。

各位想像一下應該就能體會。

假設，你想請女友幫忙選送給你好友的生日禮物。

這時候，女友直接說「那就選領帶吧」不如說「候選的禮物有三樣，領帶、Airpods、高級巧克力，但比較的結果，還是選領帶吧」更有正確答案的感覺吧。跟這是同樣的道理。

因為很重要，所以我要說很多遍。

費米推論正因為是「無解答的比賽」，所以只有在與對方建立了信任之後，才有「認同」。因此，「因數分解」「值」當然都很重要，但是傳達給對方的方式，必須策略性地「更加敏銳」才行。

11 告知「不嚴謹部分」是重點 ——「這個數字是憑直覺」能產 生安心感

不掩飾「計算太天真、不嚴謹」的部分。這裡 正是討論的「甜點」

3 ✕ 10 ✕ 4

好像很甜

　　最後，我想用與「無解答的比賽」三原則有關的話題做一個總結。

> ③「炎上、討論不可少」＝
> 　討論是大前提，有時非得炎上（猛烈批判）不可

　　費米推論並不是「傳達出計算的結果和過程就結束了」。針對你的說明，討論時熱議到「炎上」才有意義。正因為如此，事前告知聽者「這裡是討論的重點哦！」十分重要。

來看看具體的範例吧！
這次也是「健身房的市場」

> 健身房的市場規模是「5,000 億圓」。
>
> 至於具體來說，是怎麼計算出來的呢？
>
> 是用【健身房的數量】×【1 家店的營業額】計算的。
>
> 這兩項的數字分別是多少呢？
>
> 答案是「5,000 家店」和「1 億圓」，
>
> 因此簡略計算起來會是如何呢？答案是「5,000 億圓」。
>
> 再就【1 家店的營業額】來做分解的話，
>
> 1 家店的營業額要怎麼計算呢？
>
> 是以【平均 1 家店的會員數】×【月會費】×「12 個月」
> 來計算。
>
> 這幾項的數字會是多少呢？
>
> 分別是「1,000 人」、「1 萬圓」、「12 個月」，
>
> 簡略計算起來，結果會怎樣呢？結果是「1.2 億圓」。
>
> 最後附加說明一點，
>
> 【平均 1 家店的會員數】設定為 1,000 人，
>
> 是我想再多花一點時間試著分解的數字。

各位感覺如何？

最後一段，會不會大受衝擊？

強調不嚴謹的部分，就指出了討論的方向。彷彿聽得到聽眾說「那麼，現在我們就來討論這部分」或是「那麼，這部分更新之後請聯絡我」的聲音。

這就是最後一段說詞想達成的目標。

再者,

展現「不嚴謹」的部分,也能有效地傳達「其他部分在某種程度上,應該都是很舒服的數字」。

就像搬家的時候,房仲業者在看屋的時候說:「只有 1 個缺點,洗臉台的鏡子太小了一點。」這種講述技巧反而會提升客人對物件的安心感。

反之,沒有明示「鬆散」的部分,對方完全信服了,但是到了正式發表的場合,更高層級的人問:「這個數字怎麼算出來的?」這時才第一次說「這個數字是憑直覺」,那會怎麼樣呢?

至少會被吐槽「早說嘛〜唉〜」的程度吧。

所以,「不嚴謹」的部分要提早說!

12 不是「傳達」而是「討論」 ——「調整修正」的報告徒具形式

> 費米推論的目的不是報告或說明，
> 而是「為了討論」

這是報告書

對於已經讀到這裡的讀者，我這算是班門弄斧。所以我特別用另一種說明方式來為第 5 章收尾。

> 用費米推論算出的值，如果用最難聽的說法來形容，是「舔鉛筆」（調整修正）的數字。

什麼是「舔鉛筆」呢？就是形容「舔兩下鉛筆，隨便寫下自己想好、期望的數字，再用橡皮擦擦掉，然後重新再寫。也就是數字本身沒有根據」。

　　從某種意義上，費米推論就是舔鉛筆的數字。

　　畢竟，它處理的是未知的數字。

　　所以，日本人最喜歡的「開會提報告」心態，其實徒具形式。必須抱持「討論，有時熱烈爭辯」的心態才行。

　　因此，請各位將下面兩句話牢記在心，並且時時重讀本章，默記默背下來。

費米推論只有傳達才有意義。
費米推論不能討論就沒有價值。

費米推論的「商業應用」

各位是否曾在自己的工作中想過：「如何運用費米推論的思考方式？」費米推論絕對不是紙上談兵，而是實戰性的思考法。所以，如果你曾懷疑「費米推論真的可以運用在商業場合嗎」，本章將徹底消除這個疑問。

費米推論不只是適用於唬人的顧問和事業規畫職務的人，它能讓所有職場人士快樂地思考。請讀完本章，讓「費米推論的技術」的價值提高10倍。然後超越邏輯思考。我想向世人展現，費米推論是絕對用得上的技術。

01 費米推論與新事業
——新創詞「殘 ma」

> **「費米推論」比邏輯思考更適合作為**
> **「商業」武器**

費米推論是最強的思考工具，而且我認為它超越了邏輯思考。但是，我是說但是哦，一聽到費米推論，有人立刻就一錘定音地說：「哦，對、對，就是顧問面試的那個東西嘛。」而且這種人很多。

我非常不甘心。
這是極大的誤解。（第 N 次）

所以，第 6 章中我要大力消除這個誤解。

費米推論是「商業」所到之處都用得上的
最強思考工具！

　　經常有人說「邏輯思考」最厲害，我從平常的時候、從在
BCG 當顧問開始，就覺得這句話很彆扭。書店裡邏輯思考的書
滿坑滿谷，甚至形成了一個分類。

　　但是，請各位想一下。

　　回顧過去，大家是否說過這樣的話？

啊——學會邏輯思考真的太好了～！

　　你曾因為邏輯思考而感動嗎？

　　我是從來沒有過。

　　但是，學了費米推論之後，你肯定會為之感動。

啊——學了費米推論的技術，真是太好了～！

　　總之，事實勝於雄辯。

　　第 6 章裡，我想介紹 7 個典型的具體範例。

首先，探討的問題是王道中的王道「市場推估」＝潛在市場有多大？

　　只有「市場推估」才真的是必須用到費米推論的主題。不
管是在商業上還是顧問業界，都會運用費米推論進行市場推
估，所以個案面試時也時常以市場推估來出題。

在研發新商品或服務時，一定要做的，正是大量運用費米推論的市場規模推估。

對了，各位知道「殘 ma」這個詞嗎？

讀音是「zanma」，我喜歡這個詞的發音，所以不時會用到，請各位務必從今天開始使用它。

至於「殘 ma」是什麼東西的簡稱呢？答案是「殘餘 market」。它是在估算服務或產品「預測營業額還有多少擴大的空間」時使用的詞彙，所以帶有「剩下的市場」的意義。這個日英混合的新創詞，真是太性感了對吧。發明這個詞的人也太有智慧了。

那麼，我用因數分解來說明一下「殘 ma」吧。

「殘 ma」

＝【該市場的潛在市場規模】－【該項服務的營業額】

在實際的職場／顧問工作中，不只是整體市場，還必須仔細地算出「每個地區」「每個客戶的規模」，以「下一個目標在哪裡？＝瞄準有殘 ma 的地方！」的感覺在做決策。

費米推論是制定策略的起始點。
但是，只靠邏輯思考，做不到這一點。
打敗邏輯思考吧！

當然，谷歌大神不會告訴我們它自己事業的「殘 ma」，正因為如此，只能使盡全力地運用費米推論的技術進行計算，進而讓學會了該技術的「各位」具有價值。

那麼，機會難得，我就再舉一個具體範例吧。

「自家公司礦泉水產品的成長空間」的計算專案

因為「殘ma」的計算是制定策略的起始點，回顧當顧問的時代，我也經常遇到。其中一個專案，就是推測礦泉水的市場規模，計算「殘ma」的案子。

在企業裡或顧問工作中進行專案時不像個案面試，是可以進行「調查」的，所以會努力以「不舒服的原點」為基礎來計算，盡可能算出精細的數字。反言之，在「可以調查」的前提下，很多都會做成更細的因數分解。

而且，實際上在這個專案中，會在「因數分解」「建立數值」等一般的步驟外，再加上「模擬測試」（simulation）的步驟。

◉ 因數分解

> ・從網路調查得到的「消費者行為」或商業模式，建立因數分解的原案。
> ・然後，去採訪有「活字典」之稱的職員，有關礦泉水的市場結構，到各地區的不同、競爭的有無等，強化費米推論的基礎。

◉ 建立數值

> ・取得客戶端的「營業額數據」「銷量數據」等，製作基礎數字。
>
> ・接著靠兩條腿工作。前往都內各家超市，觀察銷售狀況。例如，依「藥房會放 2 種礦泉水，以 2L 寶特瓶為主」的感覺調查。

然後，再加入「模擬測試」。

◉ 模擬測試

> ・以可模擬的形式，設計 Excel 表單，讓關鍵的因數分解值可以上下調整。
>
> ・評比也附上等級，可以形成「情勢好的話有○○億的殘ma，壞的情況也有○○億」的討論。

各位覺得如何？
費米推論的技術真的是大顯神通啊。

這就說明，費米推論並不是為了個案面試而存在。

因此，別再莫名地看它不順眼，把費米推論的技術學起來吧。

02 費米推論與未來預測——「10年後的冷凍食品市場？」的外部因素

「預見短期未來」的方法，時光機、算命或費米推論！

費米推論出馬的機會有很多種。

前面提的「殘ma」是現狀的數字依據，但是這次要處理的是「未來」的數字。「未來預測」不僅在營運事業上每年都要做一次，在顧問業更是家常便飯。

以下的題目就是最典型的例子。

? 請推測「10年後的冷凍食品市場規模會如何？」

就是要思考、推估某個市場在5年後、10年後的變化。例如，推估自家公司的產品、服務所在的市場，10年後的狀況如何。

用費米推論來推估「10年後冷凍食品的市場規模」吧

步驟有 3 個。

第 1 步＝估算「目前的」冷凍食品市場規模
第 2 步＝設定會影響冷凍食品的「外部環境變化」
第 3 步＝依據這些外部因素，推測「10 年後」冷凍食品的市場規模

◉ 第1步＝估算「目前的」冷凍食品市場規模

當然，先從因數分解開始。

在商業世界中自有這一行的專家，所以也可以選擇購買調查報告這條路，但是，要推估的是未來而非現狀，而且是聚焦於自家的商品‧服務的市場，所以光是調查報告還是不夠。

現在冷凍食品市場的規模
＝【人口】×【進食次數】×【冷凍食品使用比例】×【單次冷凍食品的價格】

有個小細節提醒一下，冷凍商品有「庫存」的概念（＝購買之後並不會立刻全部吃完），所以，選擇「需求端」會比較好。雖然並不是這次的論點，但是學習費米推論越深入時，對這部分也會變得敏銳起來吧。

◉ 第2步＝設定會影響冷凍食品的「外部環境變化」

必須將現狀的值改成 10 年後的值吧，這裡就是成敗的關

鍵。所以，有必要找出會對現狀數字造成影響的變化（外部因素）。

例如，【冷凍食品使用比例】一項，就要探討以下幾點：

> ・夫妻雙薪人口增加，使用冷凍食品的比例會增？減？
> ・高齡化社會越見明顯，使用冷凍食品的比例會增？減？
> ・因為新冠疫情，遠距上班人口增加，使用冷凍食品的比例會增？減？

換句話說，就是仔細找出與外部環境變化的關聯性。

◉ 第3步＝依據這些外部因素，推測「10 年後」冷凍食品的市場規模

最後是將「外部環境」的影響量化。

但是，未來的事說不得準，也沒有答案。所以，對關鍵的值賦予「高中低」等級，形成「影響大的話，市場規模可能達○○億，最低也有○○億」的討論。範圍是成敗關鍵！

策略是針對未來擬定的，所以未來預測必不可少。

正因為如此，精通費米推論的技術後，不會茫然地認為「未來會怎樣不知道」，而會習慣深入思考，是否能用常識・知識和邏輯去推算出來。

可以說這才是學習費米推論最大的價值。

> 充分運用費米推論，「未來」會變得更強→讓工作盡在你的掌握中！

03 費米推論與中期經營計畫
——KPI 管理

> **事業經營的標誌＝「中期經營計畫」**
> **也建立在費米推論之上**

費米推論對「市場推估」「營業額預測」的運用都在甜蜜點的正中央，所以當然，作為事業經營目標的「中期經營計畫」也以費米推論為根基。

中期經營計畫指的是「3 年」的事業計畫，用論點來表現的話，就是「社長，3 年內營業額會成長到什麼程度」。真是名副其實的費米推論。

所以，談到中期經營計畫時，不使用「因數分解」這個庸俗的名稱，而是用商業上常用的↓

KPI ＝ Key Performance Indicators

「我們事業的關鍵因數是……」這種說法太俗氣了，所以用 KPI 這個詞，裝酷地說「我們事業的 KPI 是……」。

中期經營計畫是用費米推論進行因數分解，將關鍵「因數」叫做 KPI 的世界。

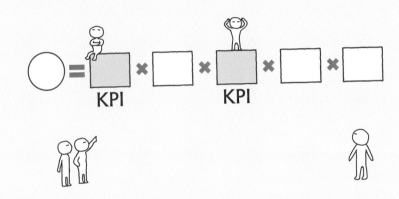

那麼，我們就舉出具體範例，更深入地了解它吧。

針對社會人傳授思考力的「思考引擎講座」，也是我經營的事業之一，我想舉這項事業為例，順便打打廣告。

思考引擎講座事業的營業額
＝【思考引擎首頁瀏覽個人數】×【免費諮詢申請率】
　×【入會比例】×【單價】

與前面學到的費米推論沒什麼差別嘛。

當然，理解力強的人已經想到不是用需求端，而是供給端＝教室的容留人數。厲害哦！

話題回到 KPI 吧。

思考引擎講座事業的營業額
＝【思考引擎首頁瀏覽個人數】×【免費諮詢申請率】
　　×【入會比例】×【單價】

但並不是所有的因數都叫做 KPI。只有決策用的「會變動的」因數，才是 KPI。反之，不會變動（當下沒有改變的計畫）的因數不是 KPI。

所以，以這個「思考引擎講座」事業來說，除了【單價】外，我想把【思考引擎首頁瀏覽個人數】、【免費諮詢申請率】、【入會比例】當作 KPI。

思考引擎講座事業的營業額
＝【思考引擎首頁瀏覽個人數】×【免費諮詢申請率】×【入會比例】
　　　　　KPI　　　　　　　　　KPI　　　　　　　KPI
　×【單價】

這次只舉出 1 項事業＝「思考引擎講座」來討論（我想打廣告才作為範例），但其實就算是「轉職引擎 251CAREeR」「線上教材」「法人研修」也適用這樣的方法。那些也都是「現實的投射」「商業模式的反映」，會反映在因數分解上。

透過費米推論，如果可以將「事業」模式化，就能夠以之為基礎進行討論了。

既然可以抓出 **KPI** 的話，在經營事業中就可確認該 **KPI** 與目標值有多大的分歧，並且找出分歧產生的原因為何，導出解決該原因的對策。

　　這個流程正是顧問轉職的個案面試的典型題目（第 8 章會有更詳細的解說，從「費米推論」到「營業額 2 倍」的類型）。

　　此外，有時也會把 KPI 改稱為「driver」（驅動因數），不過這只是換個說法而已。其實是一樣的。

　　從社會上的工作而言，「經營管理室」的印象就是天天都在製作這些分析。仔細檢視各事業的 KPI，追蹤它的數字。然後，如果與目標數字有差距的話，究明原因，討論對策，然後督促執行。

　　這是只有費米推論才辦得到的事情。

第 6 章　費米推論的「商業應用」

04 費米推論與模擬測試
——盡職調查

推估企業價值，
通稱「DD」也是費米推論的化身

費米推論

審查企業價值的工作，稱為盡職調查（due diligence），因此人們通常稱之為「DD」。

由於工作的內容是審查企業價值，當然要根據「現狀」，將 DD 目標企業在今後的「3 年」「5 年」會有什麼樣的成長，加以量化。

DD 不折不扣就是費米推論的化身！

具體來說，有以下步驟：

① 對「DD 目標企業的事業現狀如何？」進行因數分解
② 抓出 KPI
③ 推估 3 年後的市場等
④ 根據推估的結果，建立 KPI 的 3 年後數字
⑤ 推估 DD 目標企業 3 年後的營業額、利潤

所有的步驟都需要費米推論。
用不同的角度整理如下↓

DD＝「營業額推估」×「市場推估」

而且，DD為了達成短期決戰，等於也是個案面試的費米推論。由於沒有充裕的時間做客戶面談，所以只能運用公共數據與「費米推論的技術」去趨近答案。

在我的 BCG 生涯中，有關費米推論的回憶都是 DD

我回想起在 BCG 時代接手過的 DD（企業 DD）。開始的那天是某個 12 月 25 日聖誕節。而且，第一次簡報是剛過元旦的 1 月 4 日。題目是 DD 目標企業的「企業價值」≒「營業額預測」。

如同前面的說明，進行因數分解，抓出 KPI，乘以市場的未來預測，在模擬中分出營業額預測的「高中低」等級，以「無解答的比賽」形式在公司內部討論，也和客戶討論。

多虧了費米推論的技術，才穩紮穩地打通過了考驗。如果被託付這個專案時沒有學過費米推論，恐怕無法存活下來。

第 6 章 費米推論的「商業應用」

05 費米推論與效果試算

> 「對策」與「效果測試」相輔相成。
> 效果測試當然也是費米推論

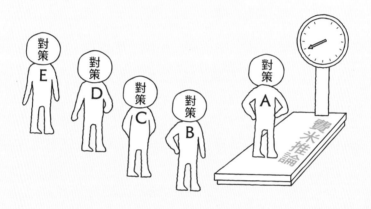

　　如同各位所見，有些場面確實必須運用費米推論。即使不是市場推估、未來預測或 DD 等大題目，在平常生活小事也會用到。

　　這次，我就來談談這個主題。

　　對策的「效果測試」也用費米推論。

　　不論企業大小，為了增加營業額、降低成本，每天都要實行某些措施、對策。而且如果想實行稍大一點的對策時，有個疑問一定隨之而來。

那就是↓

 這項對策能帶來多大的影響？實施的可能性有多大？

實施的可能性也包含「有能力實行嗎？」「有適任的執行者嗎？」等定性的要素。不過影響的部分需要「量化」，所以就是費米推論的舞台了。

> 舉例來說，為了讓 RIZAP（一對一健身房）更廣為人知，決定打出「CM 廣告」。這時，執行者使用費米推論，推估因打出 CM 廣告，中長期會增加多少顧客，結果能提高多少營業額，然後必須通過內部的書面審議。當然，也必須進行該對策的效果測試。所以說「你看！費米推論這不又登場了嗎！」。

各位搞不好每天都會遇到需要用到費米推論的機會。

06 費米推論與工時設計

每天都在進行的「作業設計」「工時設計」其實也是費米推論

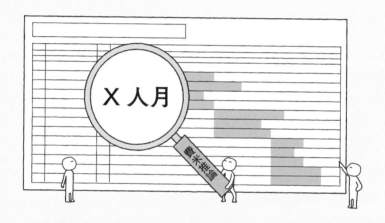

請再容我說說顧問時代的故事。

在 BCG 時代，我執行過大量的問卷調查。那不是現在這種網路民調，而是紙本問卷。而且是「1萬份」「在紙頁蓋連號印」「用訂書機固定」「郵寄」「回函用信封」，無窮無盡的作業。

那得花多少時間哪！

龐大的作業不知何時才會結束，令人絕望。這時，費米推論讓我看到了光。

我們就運用費米推論實際計算看看吧。

> 1 萬份問卷的工時
> ＝（【製作 1 份信函所需的時間】× 1 萬份）
> ÷（【工讀生 1 小時處理的信函數量】×【1 天的實際工作時間】）

說得簡單點，就是這麼回事。

讓我們用更精細的費米推論，進行工時設計。將【製作 1 份信函所需的時間】分解出每個步驟，各別計算。

> ・問卷用紙的印刷
> ・在問卷用紙蓋章、裝訂
> ・將問卷用紙和回函信封裝入信封
> ・另外蓋郵寄用的章

用這種方式分解過程＝進行縱向的因數分解下，再用費米推論算出每一步驟的工時。這樣一來，「那得花多少時間啊！」就變成能計算出「工讀生 10 人一組、共 3 組人＋組長，而且預約 4 個會議室，用週六日兩個整天作業完畢」的工時標準，就可以放心了。

不再是毫無頭緒地開始作業，「最後花 2 天時間完成」，而是在作業開始前，就知道「作業 2 天能完成」。這也能幫助預估下一階段的作業。

而且，周延地利用費米推論設計工時，還有另一個附加的效果，就是可以檢查作業的疏漏，提高作業本身的品質。

費米推論是工時設計的安心工具！

07 費米推論與日常
——回首又見「費米推論」

▌日常處處可見，費米推論大集合

　　看我自命不凡地解說「商業」×「費米推論」，但其實在日常生活中，也有費米推論，真的有。

> 理財規劃師是費米推論的大師。

　　推估客戶人生的「財務面」，預測「什麼時候可能會需要多少錢？」，根據這個預測向客戶建議「必須擁有多少資產才夠？」就是理財規劃師的工作。

這簡直是「人生」×「費米推論」。

尤其，這種狀況下是對「成本」端，而不是「收入」端進行周延的因數分解。因為提高收入不容易，但是成本卻是可以調整的。

用成本項目進行因數分解，這時候的主要工作是「按類別區分」，進行「縱向的因數分解」（像居住費、教育費）。接著做未來預測，所以再納入家庭大事件＝孩子的入學等，上下調整。

確實是費米推論！

如上所見，日常生活也用得上費米推論的技術，如果學得漫不經心，可能會沒有察覺到：「哦，這裡也用得著！」

那就太可惜了！

所以，請各位一定要成為費米推論控啊！

第7章 「鍛練」費米推論的方法

有關「費米推論的技術」，請各位詳讀前面各章，最好能夠倒背如流。至於本章，將介紹「費米推論的鍛練法」（學了才能夠贏過我），還有鍛練所必須解開的「100問」。

聽到100問，可能有些人會感覺「你隨便選的吧？」但是，絕對不是。我是以過去顧問轉職中出題的題目為基礎，懷抱愛與想像力，一邊「這一題讀者務必要學會」「這題不做也可以」似地自說自話，所選出來的100問。各位讀者，請務必把它們學到滾瓜爛熟。

「因數分解」→「講述技巧」→「值」的順序
──鍛練的順序是致勝關鍵

| 肌力訓練的鐵則是每個部位要分別鍛練，費米推論也一樣

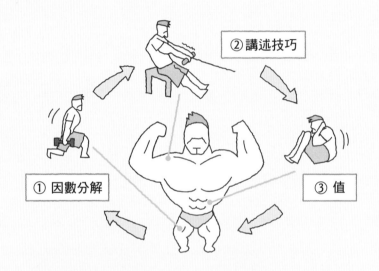

②講述技巧

①因數分解

③值

　　讀完第 1 章到第 6 章，各位已經算是學完「費米推論的技術」了，如果只是個案面試，很可能都可以輕鬆擊破。

但是，在「工作現場」
沒那麼簡單。

　　所以，第 7 章將進展到學完「教科書形式」費米推論技術之後的階段，也就是「自我鍛練的階段」。請好好學習鍛練方法！

● 進階自我鍛練費米推論時的構成要件

> ・因數分解
> ・值
> ・講述技巧

　　好，這裡有一點要注意。

「因數分解」「值」和「講述技巧」三個構成要件，並不是一口氣同時鍛練，而是一個一個地鍛練。

　　許多人想靠「解問題」來鍛練，不過這麼做就相當於同時鍛練「因數分解」與「值」。

　　這麼一來，很難期待有好的效果。

　　就和肌力訓練一樣，接受過個人訓練的人應該會了解，每個部位要分別鍛練，就像「今天是肩膀日」「上次鍛練過肩膀，這次練背肌」。費米推論也是相同的道理。

　　還有另一點要注意。

　　那就是「鍛練的順序」。

● 鍛練的順序

> 「因數分解」→「講述技巧」→「值的製作方式」

　　與本書介紹時的順序不同，我特意把「值的製作方式」擺在最後。

首先，從「因數分解」的鍛練方法
開始講起

接著，就分別解說這三項的鍛練方法。

再次強調，學習因數分解的最大原則，就是別管「製作值」，只要專注於因數分解就好。畢竟實際到數值的製作，需要花時間，重要的因數分解反而沒時間學。所以，不要左右張望，只要專心地探究因數分解。

● 務必記在心裡的3個重點

· 只要專心在因數分解上，不要做什麼「值」。別去管它。

· 對1個命題，想出「2個以上的」因數分解。只有1個的話，無法放心。

· 每次解開問題時，看看能不能增加「因數分解的類型」（基礎是 3-15 節所教的 7 種「因數分解類型」）。

鍛練身體的話，可以訂定「朝著體脂肪 16% 邁進」「減去小腹」等顯而易見的目標。

但是，費米推論沒有這種目標。

有趣的是，費米推論深不可測，所以即使越來越精進，反而會感覺到「自己的不足」。我傳授「費米推論」長達 10 年，在這裡我想給「認真」的各位一個建議。

走到哪裡才算 OK 呢？＝終點、至高點

常有學生問我這個，而我每次回應的答案都是這樣：

> 在網路上隨意打入關鍵字「費米推論 問題」而搜尋到的題目，如果感覺到「啊，這一題我做過耶」，那就可以結束了。

其次是鍛練「講述技巧」的方法

關於「講述技巧」，第 5 章不厭其煩地闡述，幾乎到了「需要講到這麼細嗎」的地步，我想大家都看膩了吧。

所以，這裡我只想傳達 1 個訊息。

盡量發出聲音！

◉ 務必記在心裡的 3 個重點

> ·剛開始時，「用口語／說話的語言」寫下「回答」的腳本。
> ·不只是看，而是實際「發出聲音」，把它背起來！
> ·試著找個人對他說，看看不用紙本、只靠「聲音」能不能理解。

「發出聲音」這個動作最能看出差距。因為，絕大多數人都懶得「發出聲音練習」。但是，

> 說話有條理，思考也會清晰。

這句話千萬不要忘記。

換句話說，一旦整理好費米推論的講述技巧，「因數分解」或「值的製作」的思考方式，也會條理分明。

▍最後是「值的製作方式」鍛鍊法

在「值的製作方式」方面，請依照第 4 章所學的過程，解開問題，沒有捷徑。值的製作方式很難鍛鍊的原因在於，自己算出答案時，「憑什麼判斷它是對是錯？」會是一個難題。它不像算數那樣可以修改，所以很麻煩。

◉ **務必記在心裡的 3 個重點**

> ・不是去檢查計算的「值」美不美，而是「算出的方法」（＝過程）美不美
>
> ・不同於因數分解時，是去解許多問題，這裡是要針對「1 題」有耐心地從許多角度反覆試驗。
>
> ・絕對不要因為「算出值」與「搜尋到的統計數據」相近就覺得 OK 了。因為你玩的是「無解答的比賽」。

此外，耐心地鑽研「1 題」是指，舉例來說將「某健身房的全年營業額」問題，不僅用「容留人數方式」「商圈方式」等解法，也試用其他的方法仔細琢磨。

最後再重複一次。

費米推論的構成要件，各有其「務必牢記的事項」，所以鍛鍊時請不要混同，一項一項分別鍛鍊。

02 「學習週期」——默背乃要諦

學習費米推論等「新概念」時，「默背」就是要諦

容我談談學習費米推論時——應該說，放諸任何學習皆準的要點。

不論學習什麼事物，都會有下列的週期。

①默背
②「彆扭的使用」
③讓違和感產生
④提問

我把它稱為「學習週期」。我想配合這套「學習週期」再一次解說費米推論的學習法。

關於①默背

第一，默背。如果能「背誦」更好。

可能有些人覺得「默背好驢哦」「最怕默背」。但是你必須承認「默背最有效率」的事實，別再逃避了。

全背下來。這本書整本默背。

▍關於②「彆扭的使用」

費米推論思考未來，並可以在工作上運用。日常生活也用得上，而且藉由使用而變得更健康。但是各位才剛開始學費米推論，別說是用了，恐怕還有很多不解的地方吧。

首先，請大家回頭再看看「第 6 章 費米推論的『商業應用』」。滿懷「隨時都要用到它」的企圖心，再讀一遍吧。日常生活中，費米推論的題材俯拾即是，所以，我希望各位不妨自導自演地製造「使用費米推論的場合」。

那麼就來看看自導自演的範例。

◉ 在咖啡館自導自演

不經意走進一間咖啡館。
點一杯冰拿鐵到送來所需的時間為 5 分鐘。
↓
這家咖啡館單日的營業額有多少？先用 3 分鐘計算。之後轉頭看看店內，從「座位數」「擁擠率」、客人的「點單」，對照自己計算的結果，對對答案。
↓
等冰拿鐵送到後，這次用不同的因數分解重新計算。優雅的享受哪一種比較對！

各位覺得如何？

沒有什麼比你此時此地的費米推論更能學到東西了。思考因數分解時，當然要嘗試「現實的投射」「商業模式的反映」，只有這麼做才能超越費米推論，提高身為商業人士／顧問的本領。

費米推論超越邏輯思考！

關於③讓違和感產生

實際在進行費米推論時，一定會出現違和感，如與現實之間的分歧、與自己知識・經驗等親身感受的不同等。反過來說，違和感正是成長、進化的契機，請好好珍惜。

讓違和感產生的方法之一，是

反向思考＝從因數分解想像現實

具體上用「推測咖啡館的營業額」為題來說明吧。

首先，製作 3 種因數分解。

①「咖啡館的營業額」
＝【座位數】×【周轉數】×【1 杯咖啡的單價】

②「咖啡館的營業額」
＝【座位數】×【周轉數】×【咖啡＋副餐單價】

③「咖啡館的營業額」

＝【座位數】×【周轉數】×【咖啡＋副餐單價】×【１＋外帶比例】

「反向思考」就是只看①～③的因數分解，想像「是什麼樣的咖啡館？」再思考它與「現在試做費米推論的『現實』咖啡館」有沒有差距。這麼做就可以排除違和感，進化／調整因數分解。

從因數分解讀取到的咖啡館印象是這樣的吧。

①是以咖啡為主力商品，周轉率決定成敗；②是有副餐，取得客單價的滯留型；而③是典型的星巴克型，有外帶的咖啡館。

將這些與各位想像的「咖啡館」比較看看，如果不同，那就是「違和感」。

關於④「提問」

最後當然是「提問」。

總之，將違和感告訴周圍的人吧。周圍從事顧問或事業開發的人就行了，如果是「咖啡店營業額推算」，問問店長也是個方法。

費米推論既是「現實的投射」也是「商業模式的反映」，所以最理想的方法就是與實際從事該行業的人討論。

如果在街頭發現我，請一定來找我問問題哦。

03 給各位的禮物 ──嚴選 100 問

▋做完「100 問」就能登峰造極！ 你聽到時的「心境」將改變世界

請再容許我說說學習時重要的「心境」。

這世界裡的費米推論問題，我想大概有 100 個吧。

那麼，聽到有 100 問時，各位有什麼想法呢？

坦白說，我希望你們這麼想↓

100 問！也許是稍微多了一點，但如果做完 100 問，就能精通「費米推論」的話，那真是賺到了！

在這個複雜的社會中，如果有解開「僅僅 100 問」就能精通的事物，那實在太好康了！請用這樣的想法去進行吧。

▍接著，就來介紹 100 問

把 100 個問題都列出來解說也太乏味了，所以，首先介紹「王者的 9 問」。

◉ 王者的 9 問

①電鍋的市場規模

②便利商店的單日營業額

③麥當勞單日營業額

④電影院全年營業額

⑤澡堂的市場規模

⑥自動販賣機的市場規模

⑦健身房的全年營業額

⑧愛好打籃球的人數

⑨連鎖花店的營業額

第一步，請先熟練這 9 問。

接著要介紹的是「愛司的 20 問」（累計 29 問）。看看這些題目，你會發現費米論的問題也反映了「時代」。

⑩拉麵店 1 家店的全年營業額

⑪高級壽司店 1 家店的全年營業額

⑫回轉壽司店的市場規模

⑬英語會話補習班的市場規模

⑭個人健身房的市場規模

⑮美容院的市場規模

⑯按摩院單店的全年營業額

⑰新幹線推車販賣的全年營業額

⑱東京麗思卡爾頓酒店的全年營業額

⑲東京迪士尼樂園的全年營業額

⑳串流媒體服務的市場規模

㉑ Uber Eats 等食物外送服務的市場規模

㉒宅配披薩的市場規模

㉓職棒養樂多燕子隊的全年營業額

㉔紀伊國屋書店單店的全年營業額（例如：新宿店等的印象）

㉕投幣式寄物櫃的市場規模（投幣式寄物櫃全年利用金額）

㉖線上交流平台的市場規模

㉗加油站的市場規模

㉘程式設計補習班的市場規模

㉙燒肉店的市場規模

第 7 章 「鍛練」費米推論的方法

另外還有很多很多。

當然，因為費米推論是「無解答的比賽」，所以純粹是依我喜歡的順序條列，並沒有依照因數分解的類型形成結構化。還有很多我想讓你們來解的題目呢。

接下來就是「愛好的 29 問」（累計 58 問）。

也就是「愛好○○的人數」系列的開始。

是自己的愛好，就能感覺「可以投射到現實」，不是自己的愛好，就感覺「無法或很難投射到現實」。所以這是很好的訓練。

此外，這裡的主題是「愛好〇〇的人數」，如果能順便對應到「相關市場」作為應用就很棒。以網球為例，在愛好網球的人數外，可以再去推估網球相關產品的市場規模。

㉚愛好三溫暖的人數
㉛愛好單板滑雪的人數
㉜愛好滑雪的人數
㉝愛好露營的人數
㉞愛好衝浪的人數
㉟愛好攀岩的人數
㊱愛好生存遊戲的人數
㊲愛好看電影的人數
㊳愛好打麻將的人數
㊴愛好格鬥技的人數
㊵愛好空手道的人數
㊶愛好拳擊的人數
㊷愛好打保齡球的人數
㊸愛好登山的人數
㊹愛好打壁球的人數
㊺愛好打羽毛球的人數
㊻愛好鐵人三項的人數
㊼愛好踢室內足球的人數
㊽愛好開車兜風的人數
㊾愛好瑜珈的人數
㊿愛好釣魚的人數
(51)愛好射飛鏢的人數
(52)愛好撞球的人數
(53)愛好肌力訓練的人數
(54)愛好打網球的人數

(55)愛好打高爾夫球的人數

(56)愛好跑馬拉松的人數

(57)愛好踢足球的人數

(58)愛好打棒球的人數

已經來到 58 問了，還有 42 問！

到這裡為止，我想都是大家「容易想像」的問題。但是，接下來送上的是「高濃度 19 問」（累計 77 問）。我選的是「竟然會出這種題」「看起來很好玩，來解解看」的題目。

(59)無人機的市場規模

(60)電動自行車的市場規模

(61)數位相機的市場規模

(62)洗衣機的市場規模

(63)掃地機器人的市場規模

(64)藥房的市場規模

(65)到府清掃服務的市場規模

(66)紙尿布的市場規模

(67)眼藥水的市場規模

(68)刮鬍刀的市場規模

(69)低醣商品的市場規模

(70)病童照護的市場規模

(71) 100 圓商店的市場規模

(72)繪本的市場規模

(73)旅行社的市場規模

(74)菸灰缸的市場規模

(75)資料科學家的人數

(76)羽田機場內的店面營業額

(77)搞笑劇場的市場規模

其實，到目前為止的77題，都是基礎訓練的概念，接下來則是必須完全理解「費米推論的技術」才能了解問題趣味所在的應用題。奉上「了解費米推論力的23問」（累計100問！）

(78)開在商貿大廈中的便利商店全年營業額
(79)開在商貿街區的便利商店全年營業額
(80)與競爭對手並立的便利商店全年營業額
(81)表參道上美容院的全年營業額（鬧區）
(82)位於崎玉新都心美容院的全年營業額（住宅區）
(83)日本環球影城的全年營業額
(84)長崎豪斯登堡的全年營業額
(85)夏威夷溫泉度假村的全年營業額
(86)某1區民游泳池的全年使用人數
(87)計程車的數量
(88)計程車廣告的市場規模
(89)商業書的市場規模
(90)塑膠傘的市場規模
(91) JR九州的營業額
(92)外國人入境旅遊的市場規模
(93)罐裝啤酒的市場規模
(94)無酒精啤酒的市場規模
(95)礦泉水（寶特瓶）的市場規模
(96)開飲機的市場規模
(97)把開玩笑當成嗜好的人數
(98)智慧型感測器的市場規模
(99)實際需要的AI工程師人數
(100)某高中引進AI等的技術時，可縮減的教師比例

　　好了，我已經將「必須解答的 100 問」條列在此，請各位
務必打開最大馬力，運用在本書中學到的技巧，一一解答。

　　不妨既期待又怕受傷害的看看自己能不能寫出「性感的過
程、解法」，而不是「接近谷歌搜尋的數值」吧。

冥思苦想的是
「現實的投射」「商業模式的反映」

打鐵趁熱，就來解一解從 100 問中選出的下面這個問題
吧。這一次，我也會實況轉播「解法」哦。

? 請推算某1區民游泳池的全年使用人數。

聽到這個問題時，你腦中會想到這種因數分解嗎？

某 1 區民游泳池的全年使用人數
＝【區民游泳池的容留人數】×【周轉數】

當然，因為是「無解答的比賽」，希望你能再想出另一個
「因數分解」以供選擇。自然也會想到以「某 1 區民游泳池」
的商圈＝在某種程度的近距離、讓人有意願前往的範圍內的人
數為基礎，來計算出結果。

但是與便利商店相比，「區民」所分布的商圈很大＝即使
搭車 2 ～ 3 站來區民游泳池也很有可能。

那麼，再回頭看看剛才的因數分解。必須做因數分解的當
然是【區民游泳池的容留人數】吧。如果是你的話，會怎樣做
進一步的因數分解呢？

啊，這裡如果也能意識到三段火箭的因數分解！不舒服原點！的話，那就太好了。冒出「蛤？什麼意思？」念頭的人，請你在下次休息的時間，以第 3 章為中心再複習一下。

所以，試著一邊回想「健身房的市場規模 」進行因數分解吧。

> 某 1 區民游泳池的全年使用人數
> ＝【區民游泳池的容留人數】×【周轉數】×【營業日數】
> ＝【男用或女用投幣式寄物櫃的數量】×「2（男用、女用）」×【周轉數】×【營業日數】

得到這樣的結果。

如果是附設泳池的健身房，或飯店的健身房，寄物櫃不會只供「游泳池使用者」使用，所以不時得自言自語「需要花點心思啊」，一邊因數分解。這當然也是「現實的投射」。

事情沒你想得那麼簡單！ 費米推論果然是個深奧的世界

雖然這也是我選擇這 1 問的原因之一，在研究因數分解時，我希望各位念一段咒語。

它與什麼有關係呢？

以這一題來說，【區民游泳池的容留人數】中的容留人數，與什麼有關係呢？

像 Gold's Gym 這類「以營利為目的」「商業經營」的健身房，會考慮新開 1 間健身房的「生產效率」如何。

因此，會勘察「商圈」「競爭的有無」等等，來決定「大小」即健身房的「容留人數」（capacity）。並且緊咬著「該容留人數」與「盡可能多的健身設備」等兩個論點，來決定「投幣式寄物櫃的數量」。

所以，「容留人數」→「使用人數」與「寄物櫃」息息相關，因此適用這個方法。

但是，我想各位已經看出來了，「區民游泳池」並非如此。所以，投幣式寄物櫃的數量與「使用人數」並不相關，一般來說，它很大，隨時去都沒什麼人在游（比豐島園游泳池還大）。因為論點的核心是擺在「不為賺錢，能夠讓很多人使用」。

既然如此，用「不同的」因數分解方法不就好了嗎？

像這樣細細斟酌「現實的投射」「商業模式的反映」，一面思考費米推論，這件事本身十分崇高，而且也是「無解答的比賽」的戰法。所以，這裡先提供一個不同的因數分解範例。

某 1 區民游泳池的全年使用人數
＝【游泳池的水道數】×【一條水道的容留人數】×【擁擠率】
　×【營業時間】÷【滯留時間】×【營業日數】

因為它是「無解答的比賽」，所以應設想 2 到 3 種因數分解，從中選擇自己認為理想的一種。

對了，從 100 問中選擇這一題的原因是

看起來很常見的問題，有時只要稍微變化，因數分解也會改變！

而我希望你們能注意到這種現象。

其他的 99 問，都有著或大或小的「意圖」，如果各位在解題時也能意識到這個，那就太好了。

好，我已經把這個問題的訊息帶到了，所以，「值」就交給各位了。這裡簡單寫一下。

某 1 區民游泳池的全年使用人數
=【游泳池的水道數】×【一條水道的容留人數】×【擁擠率】
　　×【營業時間】÷【滯留時間】×【營業日數】
= 8 水道 × 10 人 × 25% × 8 小時 ÷ 1 小時 × 200 天
= 32,000 人

各位覺得如何？

最後來個猜謎遊戲。
各位看到這條因數分解式，覺得哪裡「不舒服」呢？
這是不舒服原點的謎題。
請閉上眼睛想想看。

想出一個之後，再請繼續往下讀。

> ．果然還是【擁擠率】＝ 25% 的部分。這裡早午晚和平日、週末應該都有變化。所以，最好製作「田字格」分析一下。
>
> ．仔細一想，【1 條水道的容留人數】＝ 10 人的部分也怪怪的。想到使用區民游泳池的長者，他們會做水中漫步。這樣的話，最大容留量就不是 10 人而是 20 人。
>
> ．如果要更細緻一點，還有【泳池的水道數】＝ 8 水道的部分。這裡雖然最後以平均 8 水道來算似乎也可以，不過如果按區游泳比賽的正式賽道來設定，10 水道或許比較妥當。

如上所述，許多部分都可以再「進化」。

最後總結，請不要「算出值了，好，做下一題」，如果能像這次示範的方式，用欣賞的角度，試著「今天再把這一題用另一方式做一遍」，我想更能精進「費米推論的技術」。

所以，請各位就從自己喜歡的問題開始做吧！

第8章

費米推論與顧問面試

本章是送給「考慮轉職為顧問的各位」的一份禮物。我會介紹顧問公司的個案面試的真實對話，同時進行解說。而學會了「費米推論技術」的各位，現在應該也能夠「解說」了。

所以，不妨在閱讀時也對於面試者的陳述品頭論足一番，試做技術的指導。當然，無意轉職為顧問的人，也可以把它視為「與上司的對話」。

好了，這是本書的最後一章，愉快地有始有終吧。

01 「個案面試」時會出的費米推論類型

我盡可能地告訴各位，個案面試時的費米推論情況

在本章，我將無私地分享在「顧問公司面試」「個案面試」裡所有的「費米推論」相關事項。

在顧問公司面試時，傳統上會舉行 2 ～ 5 次個案面試，判斷應試者的顧問素養。而個案面試中便會有本書的主題「費米推論」和「商業個案」。

關於費米推論的出題方式，大致分為兩種。

兩條路都靠「費米推論」決勝負

① 只測驗「費米推論」

② 「費米推論」成績不佳時，不會推進到下一題

? ①單純「費米推論」類型
題目只有「請推測某健身房的營業額」的類型

> ② 從「費米推論」到「營業額2倍」的類型
> 以「請推測某健身房的營業額」進行費米推論後，再根據該結論，繼續出題「那麼，請思考將該健身房的營業額提高為2倍的方法」類型

①的類型只測驗費米推論的技術。②的類型與①不相上下，費米推論都是非常重要的要素。

這是因為個案面試中會先判斷「費米推論」技術的優劣。因此如果面試官沒有「這位應試者有兩把刷子」的想法，就不會往下進展到「營業額2倍」的題目。或者是切換成「這位應試者會落選，對他好一點好了」的模式，最後被淘汰。而且更重要的是，它也會影響應試者的心理層面。

一開始被考到「費米推論」時，應試者如果「完蛋，腦中一片空白！」的話，絕不可能有重來一次的機會。尤其是顧問公司判斷的是「頭腦的運用」，世人稱之為「地頭」（譯注：指頭腦的邏輯思考或溝通能力，與所受教育的高低沒有關係），所以「腦中一片空白」的話就沒戲唱了。

因此，有意轉職到顧問公司的人，

要把應對費米推論面試，當成「學測考試」認真練習。

這一點請牢牢記住。

另外是，「①單純『費米推論』類型」又可分成3個類型。

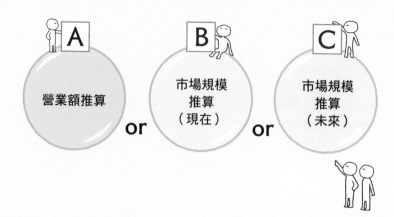

①-A「營業額推算」
推算某家商店、服務的營業額，像是「請推算某健身房的營
業額」。

①-B「市場規模推算（現在）」
推算整個市場的大小，像是「請推算健身房的市場規模」。

①-C「市場規模推算（未來）」
推算的不是現狀，而是未來的市場規模，像是「請推算未來，
例如10年後的健身房的市場規模」。

也就是說，整理起來如下所示。

①單純「費米推論」類型

　①-A「營業額推算」

　①-B「市場規模推算（現在）」

　①-C「市場規模推算（未來）」

②從「費米推論」到「營業額 2 倍」的類型

請把這個結構刻進大腦裡，再接著往下看。

個案面試中，
第幾次面試容易出哪個類型？

假設會有 4 次個案面試，第幾次面試中容易出哪個類型的題目呢？

我想雖然眾說不一，但是，以我的經驗為基礎，應該也八九不離十。

推測如下：

第 1 次面試

①-B「市場規模推算（現在）」

第 2 次面試

②從「費米推論」到「營業額 2 倍」的類型

第 3 次面試

②從「費米推論」到「營業額 2 倍」的類型。偶爾是 ①-C「市場規模推算（未來）」

第 4 次面試

「剩餘論點」＋志願動機／生涯規劃等的「人格」

◎第1次面試＝①-B「市場規模推算（現在）」類型
第1次面試有淘汰完全無望的應試者的意思，因此不會出困難的題目，而是應試者習慣熟悉的題目。面試官想在與知識等沒有關係，「無不利條件」下進行。所以，舉例來說對方問：「你有什麼嗜好？」你回答：「去健身房鍛鍊身體」他便會順勢出題：「那麼，請算出健身房的市場規模。」

◎第2次面試＝②從「費米推論」到「營業額2倍」的類型
第1次面試的費米推論有較強的「淘汰不適任者」意涵，但第2次則是以「只讓排名前5%過關」的意義進行費米推論。如果能闖過費米推論的討論，才會蜻蜓點水地提到營業額2倍的議題。因此個案面試中「費米推論」的成敗關鍵，就在第2次面試。

◎第3次面試＝「營業額2倍」，偶爾是①-C「市場規模推算（未來）」的類型
到了第3次面試，費米推論的比重會大幅下降，會提出接近實際顧問工作的題目。這次如果也用費米推論出題，反而可以說運氣太好了。尤其，第3次面試要求的是「在當場思考」，所以會問具有難度的「營業額2倍」的問題，要考生回答擴大某店鋪或服務的營業額的對策，或是面試官犀利地要求預測未來的①-C「市場規模推算（未來）」類型。請把第3次面試當作「思考力」而非「費米推論」的測試。

◎第4次面試＝「剩餘論點」＋志願動機／生涯規劃等的「人格」

因為是最後一次面試，面試官會依據前面3次面試所殘留的令人在意事項，丟出各種問題。而且，面試官不再是Manager，而是外稱MD的高階主管。

所以，不會問些小格局的費米推論，而是在「將來想做什麼樣的工作？」等常見的問題中，判斷應試者對工作是否誠實，是否適合公司的文化等。

當然，也有可能會提出「嗆辣」的題目。但那通常是前3次面試的令人在意事項中「想法怪異」的部分。

當然，不同的顧問公司各有自己的特色。

所以，在實際準備考顧問公司時，請配合該公司的特色早做預備。

02

「①-A『營業額推算』」類型的「真實」腳本
──套用這樣做！

透過「真實」腳本，掌握面試對話的整體氛圍

我在這些腳本裡，會「增補」或加上「評論‧解說」，請一面回想前面學到的費米推論技術，一面細細品味什麼是「啊，這真是好解法！」或者「這麼做不行吧？」。

首先體會一下「①-A『營業額推算』」類型的個案面試。

面 接下來，請推測7&I控股的伊藤洋華堂的全年營業額。請在10分鐘左右之內作答。

受 好的。

慎重起見在此先提醒，建議大家在閱讀腳本之前，先自己解一次。

面 那麼麻煩你回答。

受 好的，我認為伊藤洋華堂全年的營業額是 3,900 億圓。

面 請告訴我，依你的直覺，3,900億圓這個數字比實際數字多，還是比實際數字少？還是說就是這個數字？

受 我想，大致就是這個數字。7&I控股的營業額為1兆圓或2兆圓，所以，印象中其中的伊藤洋華堂約有4,000億圓。

面 了解。我的感覺也大致相同，位數也吻合吧。反正，我對數字的正確性沒有要求那麼細，如果有錯的話，就當我們兩個都猜錯好了。好的，請繼續。

面試官的這段回答↓

「反正，我對數字的正確性沒有要求那麼細」

簡直太棒了。

我可以保證，這位面試官認為的「費米推論」，與本書第1章的內容相同。只聽到「值」，還沒有「問因數分解」之前，先問了論點所在的「你認為比較大還是比較小？」非常完美！

於是，接下來就要說明「如何算出值呢？」

回答第一個答案後，
就重要的「論點＝因數」說明

> 受 好的。關於伊藤洋華堂的營業額，我是用各分店1週平均營業額 × 分店數 × 52週來計算。就具體數字來說，各分店單週營業額為4.2千萬圓，分店共180家，乘以52，就得出3,900億圓的數字。

按照費米推論的技術，將「因數分解與值」分開說明。完美。

非要說缺點的話，「52」可以簡化成「50」。

之後，就「值」的根據，進行周延的說明。

> 受 首先就分店數來說，我是粗略以50個火車站1家店來計算。日本全國的火車站約有9,000個，除以50，大體上約有180家分店。

因數分解的選擇採「車站方式」相當好。

站在伊藤洋華堂商業模式／店鋪開發主任的角度，當然要開在人們生活的場域，以「車站」來考量很穩當。

> 受 重點所在的各分店營業額，我是以自家附近的大井町站店的營業額為根據思考的。

全壘打。

算出值之後的關鍵＝鎖定論點所在的因數，針對它進一步說明。而且為了具體計算，以「大井町」為例來考慮也很完美。

> 受 大井町站店的營業額，以客單價 × 來客數表現。我認為是客單價1,500圓 × 1星期28,000人的來客數。

「講述技巧」也相當出色。不只是開頭的說明，到了中段將「因數分解與值」分開解說，之後也說明了數字。表達技巧非常穩定。

> 受 這個客單價1,500圓，是按早中晚區分，取其平均值的客單價。早上和中午大多是買早餐或午餐，所以是1,000圓左右。至於晚上，有人買熟食，或晚飯的食材，所以估計3,000圓左右。這種狀況下取個折衷，大約是1,500圓。這次就是這樣推算出來的。

彼此對「客單價」比較容易領會，所以，用體感值就可以了。然後，把重點放在關鍵的「來客數」，也是個很好的回答。

> 受 其次是來客數的28,000人，這是從大井町站店的規模來考量。大井町店大致是單一樓層300坪左右，共有6層樓，所以總計有1,800坪的程度。如果把店的一半作為商品賣場和收銀台的話，另一半是客人行動的空間，這家店的最大容留人數大約是3,600人吧。若以3,600為100%，考慮平日、週六日、早、中、晚的差距，推算出來客數。

具體來說，平日的早上是20％，中午是2倍約40％，晚上是最多的50％。週六日的話，全家一起來的情況很多，中午是最多的50％，早上是30％，晚上40％。計算之後，各分店1週的營業額為4.2千萬圓。

説明完畢。

這裡還可以再做一段或二段的進化。

計算來客數的部分，也許再做一段因數分解也不錯。

依據受試者的回答，面試官提出有疑問／不舒服的點

面 我明白了。謝謝。那麼接下來我想提幾個問題，第一個問題是客單價。如果再考慮得細一點的話，你認為客單價會是多少？

受 好的。這次是區分成早中晚三塊，但其實也許可以細分成早、中、下午、傍晚、晚上。

面 你的客單價是以食品來計算吧。當然，從結論來説，購買食品的人的確比較多。但是也有人買文具、衣服等。關於這部分，你是認為它們的頻率比食品低，所以一旦平均後幾乎沒有影響嗎？

受 是的。實際上，即使買午餐，我想一次也用不到
1,000圓，可能是500圓或700圓。剩下的300圓就算
到頻率比食物低的商品購買上，這次是按這樣的設
想粗略概算的。

面 我明白了。謝謝你的回答。

　　剛才的說明形成了「討論的平台」，讓面試官引導出「不
舒服原點」。「如果再考慮得細一點的話，你認為客單價會是
多少？」的發言正中要害！

　　總體上來看，回答得真的很好。完美示範了「只有傳達才
有意義，不討論就沒有價值」。

　　而且只要運用本書學過的「費米推論技術」，就能輕鬆地
回答出這樣的答案。

不只哦，應該說是「加倍」好的答案。

03

「①-B『市場規模推算 (現在)』」類型的「真實」腳本——套用這樣做！

┃「詢問興趣」→「以它為題」的典型款腳本

接下來，想請大家體驗「①-B『市場規模推算（現在）』」類型的個案面試。

> 面 那麼直入正題。來進行個案面試吧。以一個問題來決定題目。請問你的興趣是？

> 受 登山。

個案面試時出費米推論題，通常用這樣開場。問「興趣是？」再以回答作為題材。

> 面 那就以登山為題吧。能不能請你推估登山的市場規模？請用10分鐘思考整理，在白板上向我簡報。

> 受 好的，我明白了。

> 面 那麼請準備。

這「題材」真是王道中的王道。如果已學會費米推論的技術，應該會想大叫「棒透了！」

受 登山的市場規模為900億圓。登山相關市場幾乎等於登山用品的營收，所以這次是推算登山用品的市場規模。至於如何求得的呢，我是直接以登山人口 × 全年用於登山用品的平均費用，計算出來的。如果抓個粗略的數字，登山人口有600萬人，全年用於登山用品的平均費用是15,000圓。全年登山用品的市場規模是900億圓。到這裡，您覺得還可以嗎？

各位讀者，這幾行的回答，是不是一看就懂了呢？
真的有用到「費米推論的技術—講述技巧」呢。

面 很好，請繼續。

受 那麼，我繼續往下說。這裡面特別形成論點的是登山的人口。這裡我想再進一步分解。人口 × 愛好登山比例。愛好登山比例的各區塊都不一樣，具體來說，比例會因65歲～80歲或65歲以下，以及在65歲以下區塊的男性或女性、未婚或已婚，而有所變化，所以，必須分門別類的思考，最後再合計。
首先，關於愛好登山比例最高的65歲～80歲區塊，人口 × 愛好登山比例，即2,000萬人 × 20%，所以是400萬人。接下來，65歲以下的區塊中比例最高的未婚男性，人口 × 愛好登山比例的數字為1,000萬人 × 10%，等於100萬人。已婚男性，人口 × 愛好登山比例的數字為2,500萬人 × 3%等於75萬人。未婚女性，人口 × 愛好登山比例的數字為1,000萬人 × 3%為30萬人。

已婚女性，人口 × 愛好登山比例的數字為2,500萬人 × 1%為25萬人。

合計起來，登山人口有630萬人。接著思考全年用於登山用品的平均費用。登山老手和新手的全年用於登山用品的平均費用並不相同，所以剛才計算出的630萬人分成老手500萬人，新手130萬人。全年用於登山用品的平均費用，假設老手為10,000圓，新手為30,000圓，合併計算，登山的市場規模為900億圓。

說明完畢。

太精彩了！

看得出是訓練的成果（個人認為數字的設置分得太細）。從接下來面試官的反應就能了解，完美命中要害。

依據受試者的回答，面試官提出有疑問／不舒服的點

面 好的，我完全了解了。因數分解得很好，形成論點的重點，如你所說就是愛好登山比例。那麼，我想問問，各數值是如何置入的呢。首先，各個區塊的人口是如何置入的？

受 我記得統計局公布的數據，所以，用了該數據簡化的數值。此外，也可以用計算得出。65歲以下的男性、女性分別為3,500萬人，考慮到終身未婚率約在20～25%，就能算得出來。

面 原來如此。這次你區隔成男性、女性和已婚、未婚，請告訴我其中的邏輯。

受 說到這樣區隔的原因，我認為愛好登山比例最會因為男性、女性、已婚、未婚而改變。具體來說，去登山的人幾乎都是男性，不久前「登山辣妹」這個詞相當走紅，但是實際上，目前會去登山的女性還是非常少。而且，不論是男性或女性，都可能因為結婚的關係而不再登山了。說得更深入點，孩子出生之後，就不能去登山了。因為，登山不是說走就走的愛好，是一種最少需要整整一天，過夜的話就得花2天以上的運動。所以，很難把孩子丟在家裡，自己出去爬山。考慮到這些因素，這次便以男性、女性、已婚、未婚分割區塊。

　　唔，還用了「田字格」，十分完美。正因為完美，面試官就會再更上層樓地追問「田字格」2軸設定的原因。

　　可以看出討論進行得十分輕快。

面試官尖銳地質問「無解答的比賽」的特徵——其他角度的探討

面 如果用其他的條件分割區塊，你會怎麼做？

受 舉例來說，也可以用縱軸為年齡，20歲有幾％，30歲有幾％的方式分割。

面 還有嗎？

受 也可以用職業來區隔，按學生、社會人、家庭主婦等，比例也會大為不同。

面 你說的的確沒錯。那麼，橫軸還有其他的分割法嗎？

受 用年收入分割，富裕層與其他，或者用居住地切割，都市或鄉村的方法。不過也許意義不大。

面 原來如此，不過那些分割方法看起來都不太好。在實際的工作上，也會思考這種區隔。到時，以什麼樣的切入點來分割區塊非常重要。必須像這樣想出許多分割法，從中選擇最好的一種。
所以這次你認為最理想的區隔法，就是性別與婚姻的有無，是吧？我覺得非常好。

面試官也理解這是「無解答的比賽」，提問「不同的區隔方法」，討論也變得更深入。

面 未婚男性的登山比例設為10%，這是怎麼決定的呢？

受 考量到自己的經驗和周圍的人而設定為10%。具體來說，我本身職場內的登山者，10個人當中有2人，也就是20%的人會把它當成嗜好。但是我上班的建築業界，從事戶外活動的人比較多，以日本的平均來說，比例算是偏高的，所以，折合日本平均值的形式，算成10%。如果從其他方向，就我家親友來考量，愛好登山的人只有我，所以這個10%的數字，我認為應該合適。

面 原來如此，那其他區塊的比例呢？

受 未婚男性的10%最高，其他的數字是與10%相比，置入相對的數字。已婚男性與未婚女性，不到一半的5%，所以設為3%，至於已婚女性，設為0%也可以，不過孩子長大之後，仍有少數登山者，所以設為1%。

面 原來如此。我明白了。那麼，接下來有關全年用於登山用品的平均費用，你設定老手10,000圓，新手30,000圓，請解釋一下這裡的邏輯。

受 首先，關於老手，我是從全年登山的次數來考慮。登山季從3月下旬到11月上旬，有8個月，如果2個月登一次山的話，一年登山4次。考慮到平均1次花2,500圓買東西，2,500圓 × 4，一年會用掉10,000圓。至於新手方面，新手剛開始登山時絕對需要的物品，有穿著、鞋和背包3項，各為5,000~10,000圓的程度。另外還有水壺、探照燈的採購，平均約為30,000圓。

面明白了，面試就到這裡結束。

各位覺得如何？

果真形成了「良好的討論」吧？

而且，實際體會「真實的討論」，是不是更深入了解了呢？

04

「①-C『市場規模推算（未來）』」類型的「真實」腳本 ──套用這樣做！

▌出題機率不高，但很重要

繼續請體驗「①-C『市場規模推算（未來）』」的個案面試。

在實際的顧問專案中，真的會做「未來預測」。不過以個案面試而言難度太高，所以會稍微調整再出題。

不是現在→未來，而是過去→現在

總而言之，就是對「現狀」進行費米推論後，運用該因數分解，提問「過去 10 年」的變化演進。由於已經發生過，會成為「容易討論」的問題。

那麼，我們就來看看實際的「腳本」吧！

> 面 題目還沒有決定，不過，你最近有沒有買什麼東西，或是看到什麼有趣的新聞或是服務呢？

> 受 我不知道算不算是服務，我開始去大學的健身房。

> 面 那麼就以健身房為題吧。請說明東京都的健身房市場規模，這十年內市場擴大了還是縮小了，以及原因為何。我10分鐘之後回來。

受 好的。

果然是調整過「未來預測」的問題呢。進行「東京都健身房市場現狀的市場推估」後，再回答「10 年來市場擴大還是縮小，以及原因」。

（10 分鐘後）

面 寫完了嗎？

受 只完成第1題。

面 請說明。

若是在「個案面試」的意義下，那麼很遺憾，這時已經「出局」了。因為費米推論要的不是「答案的好壞」，而是「討論的好壞」。「討論的平台」＝必須製造答案。因為，答案只要10 秒就能搞定。

當然，各位讀者也可以做到。

現在就來試做看看吧。

如果 10 秒內無法回答下面的問題，請剃光頭！

?
①東京都健身房的市場現狀的市場推估？
②過去10年，市場擴大了還是縮小了？
③原因在哪？

你覺得如何？

10 秒當中能像下述這樣回答的話，就能輕鬆過關了吧？

①500億圓！
②變大了！
③健康意識變強了！

簡言之，這位受試者是在「做出細緻的回答 but 只做到一半」vs.「做出簡略的回答 but 完成」的 2 項對立中，無意識／有意識地選擇了前者。

這樣的話，不如技巧性地選擇後者「做出簡略的回答 but 完成」比較好吧。

> 受 以營業額＝使用者人數 × 月會費 × 12個月的公式
> 算出。其他還有輔助用具等等的營收，但我想月會
> 費還是占總營收的絕大部分，所以其他就不列入計
> 算。使用者基本上為22～65歲的人士，所以，將它
> 區分為男性或女性，在職或無職者來計算。我認為
> 大學生以下或高齡者幾乎很少使用，首先，22～65
> 歲的日本人，120萬 × 44年……

面 這120萬從何而來？

> 受 1億2,000萬人 ÷ 100。但平均壽命在80歲左右，所
> 以除以80比較好吧。

在問題只做到一半的前提下，也許看起來還算過得去。但是他並沒有做到像「費米推論是值」一章所說的「簡化數字」。

他著重在細微部分，更勝於整體感。

面 有道理。請繼續。

受 120 萬 × 44年，這5,000萬人中，男女人數幾乎相
　同，所以男女各2,500萬人。在職的比例男女不同，
　男性占9成，女性占6成。

面 9成的根據是什麼？

受 大致上從周圍親友的印象，估量大概是這麼多吧。

面 原來如此，那麼女性的6成呢？

受 我記得看過報紙上說，女性有6或7成就職，根據它
　置入的數值。

面 原來如此，我明白了。

　　硬要說的話，如果更明確地表示自知「9成」這個數字不
嚴謹會比較好。像是「男性設為9成，女性6成。但男性的數
字很難找到根據，所以，暫時用自己周圍的印象假定。女性的
部分，則是看過報紙報導」等，在對方詢問前自己先說，就完
美了。

受 我身邊的在職男性，上健身房的比例還不到一半，
　所以算4成。無業的男性，幾乎全是生病等的人，所
　以上健身房的比例設為0。還有一部分的富人不需要
　工作，但那是例外所以排除。

在職的女性，不像男性那麼熱中上健身房，所以設為3成，無業的女性可能忙於育兒等，因而占2成。

面 原來如此，計算下來的結果怎麼樣？

受 東京的人口占日本的10%，因此將它考量進去。所以，使用者人數為90萬＋0＋45萬＋20萬＝155萬。另外，月會費有層級之分，大略為每個月10,000圓。155萬人 × 12萬圓＝1,800億圓。

面試官的老練幫了很大的忙。實際上，受試者提出的因數分解，並未出現「上健身房的比例」。一開始就提示還有第二段因數分解會比較好。

東京健身房的市場規模
＝【東京的使用者人數】×【月會費】×「12 個月」
＝【東京的健身房目標人口】×【上健身房的比例】×【月會費】×「12 個月」

沒有事先提示就說到【上健身房的比例】有點唐突了。讀到這樣的腳本，各位可能會覺得「我才不會犯這種錯！」不過，別不信邪，真的會犯。

｜從典型的問題「是大？是小？」開始討論

面 你認為這數字太大？還是太小呢？

> 受 我想我把女性使用者的比例訂得太高了，大學的健身房，本來男女比就差很多，實際大學健身房的男女比是40：1左右。所以，女性使用率的百分比可能只在個位數左右。
>
> 另外，男性的部分，是以所有年齡層相同比例來假設，不同年齡層的人數也不相同，我想這部分也有錯。

面 我明白了。

「討論的平台」已備齊，第一個討論、論點是「太大還是太小？」事實上之後，這場討論還持續了5分鐘。

依據現狀，過去至今發生了什麼變化？這才進入正題

好了，進入正題，討論「未來預測」的調整問題。

面 下一題。這10年來，你認為市場規模擴大了？還是縮小了？

受 我認為擴大了。

面 從你寫的因數分解式子的要素來說，你認為是哪一個？

果然是運用「現在的因數分解」，開始對每一個因數討論「上升、下降」。當然，後面也會連結到「外部環境」＝為什麼它會「上升、下降」？的討論。

受 我想是使用者人數。每月的月費，考慮到這20年左右的景氣動向，可能有減少或停滯，但不會增加。

面 我明白了。什麼樣的人會去健身房？

受 我想年輕人比較多，出社會後工作太忙，使用者會逐漸減少。到了40歲左右升職等原因，忙碌的人增加，上健身房便急遽減少了。

面 主客層呢？

受 20～30歲上下的人。

面 你認為上健身房的人，通常是抱著什麼目的？

受 有希望增加肌肉量的重度使用者，也有為了維持健康而來的人。

面 這兩者分別是幾歲？

受 前者是20～40歲，後者是40歲以上吧。

面 大學的健身房，年輕人的確比較多。但是，在一般健身房的話，有些時段也有很多40歲以上的人。你認為40歲以上人數多的原因在哪裡？

受 應該是健康意識抬頭，薪水增加，所以有多餘的錢可以去健身房吧？

面 有道理，20多歲的人，多數月收入不到20萬圓，如果要去健身房，經濟會相當吃緊吧。另外，你剛才說使用者增加了，還有什麼其他的原因嗎？

受 健康意識抬頭，因而使用者增加，店面跟著增加。由於店面增加，開在方便前往的距離內，因而去健身的人也增加了，店面又增加了，也許就進入這樣的循環中。此外，有些人定期去健身房，帶動了朋友跟著去。類似廣告的效果。

面 使用者增加，對店家有什麼優點呢？

受 使用者增加，營收自然也就提升。此外，器材的稼動率（使用率）也提高。在這裡指出稼動率也許不正確。

面 稼動率是重要的要素啊，為什麼你覺得不該指出呢？

受 感覺上與營業額增加的層次不一樣。應該説是下一層的要素吧？

面 原來如此。稼動率很重要，其他像是KTV也是，還有飯店。稼動率提高有什麼好處呢？反之，人潮太多又有什麼缺點呢？

受 太過擁擠的話，就會有人想回家了。

面 對，擁擠的話很難用得到器材吧。但是，如果把尖峰時段的人引導到離峰時段，再讓人進入尖峰時段，就能再增加客人了。
還有，你認為增加的原因是什麼呢？

受 費用體系變得多樣化，所以增加了不少一星期只來一天的輕量使用者。如果費用也包含自己不用的時段，感覺虧到就不想去了。但費用體系容許只需付自己使用的時段，所以去的意願就增加了。

面 説的沒錯。事實上，我也因為公司的補助，而去報名了健身房。一方面是健康意識，二方面是金錢因素，相比之下，金錢因素還是比較大。那麼，這次個案面試就到此結束。

各位覺得如何？

實際的個案面試中，絕對會緊張得半死吧。

　　所以，請把本書讀熟，把它「技術化」以便隨時都能展現水準一致的演出。

05 「②從『費米推論』到『營業額 2倍』」類型的「真實」腳本 ──套用這樣做！

個案面試出題率 No.1 的便利商店命題

接下來，請體驗「②從『費米推論』到『營業額 2 倍』」類型的個案面試。

面 那麼，請試算商貿街區某便利商店單店的全年營業額。

受 受：好的。商貿街區的便利商店（譯注：以下簡稱CVS）單店的全年營業額為8.9億圓。以位於日本橋的店面為概念。說到我的計算方法，是以平均單日的來客數 × 客單價 × 365天來計算。來客數是一個重點，來客數是用來客數＝商圈內人口 × CVS使用率計算。至於商圈內的人口，我公司所在的大樓有2,000人，所以這家CVS周圍，我假設有4棟多的這種大樓，共10,000人。

具體來說，CVS的使用率早、中、晚都不相同。第一區塊是早上，CVS使用率為10%，客單價300圓，所以早晨的時段30萬圓。商品印象是早晨的咖啡、飲料和一份早餐。第2區塊是中午，使用率20%，客單價700圓，平均一天140萬圓。第三塊是夜間，使用率15%，客單價500圓，平均1天75萬圓。合計平均1天營收為245萬圓，所以全年是8.9億圓。

各位覺得如何？

這是個準確根據費米推論的技術，正中紅心的漂亮回答。硬要說的話，可以把數字「簡化」就更好了。

好，「討論的平台」已經完成，開始愉快的討論吧。

面 實際上，8.9億圓感覺上有點多？

受 是啊，是多了點。

面 你認為哪裡算得太多了？

受 晚上15％太多了。因為，晚上的時間，大概是傍晚小餓時買便餐的概念。現在想想，可能比早上的10％更低一點吧。

從典型的論點「是大還是小？」展開，每個因數逐個驗證的討論。不只是個案面試，在工作上也會這樣。

這裡果然問了「別的角度」。
這位面試官很厲害

面 你似乎是從需求基礎來思考，有沒有其他角度呢？

受 如果從其他角度來說，就是收銀台數 × 平均1台1
小時處理的人數 × 24小時 × 客單價。

面 那麼粗略計算會是什麼情況？

受 45秒處理1個人，1小時可處理80個人……客單價
600圓，不過這是全力運轉的狀態。

面 那麼，1天當中假設有1/5時間全力運轉，4/5不是。在
商貿區，尖峰時間和非尖峰時間的差距極大，所以，
非尖峰時間就當平均1小時處理10個人吧。

受 平均1天全力運轉時營收72萬圓，非全力時段30萬
圓，平均1天102萬圓。

面 這數字相當漂亮。

各位覺得如何？這段對話是在3台收銀機的前提下哦。
即使如此，仍是一段對「無解答的比賽」有充分認知的精
彩對話。
附帶一提，「有沒有其他角度呢？」這句話在顧問圈子也
有「我比較屬意其他做法，你有想到嗎？」的意思。

接下來轉移到「營業額2倍」的階段。
靠「費米推論」打出了全壘打，所以對話進展得很順利。

費米推論告一段落，
討論轉到「營業額 2 倍」的類型

面 我想在討論的基礎下進行。你如果是店長，會採取什麼對策來刺激營業額呢？

受 我想到在尖峰時段補充收銀人力的方法。商貿區到便利商店來的人，尤其是尖峰時段的人，都是想快速解決用餐的人，所以，必須解決人太多等結帳的問題。

面 驅動因數（driver）有很多，你是指提高收銀機的結帳人數嗎？

受 是的。很難在算式上表現，但第2個算式中平均每小時結帳的人數有極限， 所以我想會不會有等不及走掉的客人。

這裡應該在討論「營收對策」前先提一下會用到的因數分解，可能會比較好。

面 反之，在這觀點下還有沒有增加人力之外的方法呢？

受 要說增加人力之外的方法，我臨時想到預先分門別類的排隊，像熱便當的人排一排，買收銀台旁速食的人排一排，店員在收銀台內不用交錯結帳，這樣會不會比較有效率？

面 結帳1個人平均花45秒，這一點有縮短的可能嗎？

受 如果引進機器的話是可以的。像是無人結帳機等。但是，這樣就得增加收銀台數量……還有它能提高周轉速度嗎？

面 是啊。其實本公司1樓也有小7，店裡有電子錢包專用的收銀台，人潮多時非常有幫助。所以我才問你還有沒有其他的點子。

受 例如，以便利商店業界來說，幾年前LAWSON引進了讓顧客自己掃描信用卡的服務，頗具劃時代意義。

面 因為金額小，所以不需要密碼對嗎？

受 是的。顧客在插信用卡時，店員進行包裝。縮短了結帳的時間。

面 我明白了。談到這裡已經30分鐘了，就到這裡結束。

各位覺得如何？
勉強說的話，如果討論能更深入一層，也許會更好些。
但是，我想各位也注意到了，靠著費米推論打出全壘打，因此對話相當「流暢」「積極」。

到這裡，提供了4種「費米推論」個案面試類型的「真實」腳本，各位是否覺得非常有趣呢？

其實個案面試就是「顧問工作」的投射。

所以，感到樂在其中的讀者們，也許很適合走顧問這條路哦。

06 應試者會失誤的 7 個陷阱 ——面試官看的是這裡！

介紹 7 個大家容易掉入的「陷阱」

最後，我想整理一下個案面試時應試者會失誤的「陷阱」，為第 8 章做一個總結。

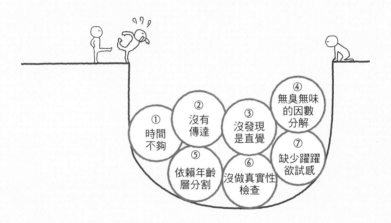

① 時間不夠的陷阱

時間到了，沒能針對題目寫出自己答案的陷阱。「不對不對，那不是陷阱是能力問題」也許有人會這麼想，但是不對哦。大家應該都已經學會了吧。

費米推論以「討論」為前提，透過討論來判斷應試者是否具備成為顧問的素養。所以，如果沒有最低限度的討論平台，很難進行個案面試。

因為「最低限度＝聽到題目，在時間內算出數字（用猜的也可以）」。

只要有「值」，就能夠推進討論。

舉例來說，要讓面試官能夠問：

「你覺得這個數字太大呢？還是太小？」
「你覺得原因在哪裡？」

就能順利地展開討論。

②「沒有傳達」的陷阱

費米推論必須傳達才有意義，不討論就沒有價值。不論因數分解拆得多細，也置入數字算出來了，但是重要的講述亂七八糟的話就無法傳達。最大的原因莫過於「沒有把結構與值分開來說」。

但是，如果把第5章的「費米推論講述技巧」背下來的話，就完全不用擔心了。請別忘記下面的模式。

> 答案是○○億圓。
> 至於我是怎麼計算的呢？直接【XXXXXXX】×【XXXXXXX】×【XXXXXXX】，數字分別是○○、○○、○○，簡單合計為○○億圓。
> 再做更詳細的計算，把論點所在的【XXXXXXX】做因數分解，結果是【XXXXXXX】×【XXXXXXX】，數字分別是○○、○○。再複述一次，結果是○○億圓。

各位千萬不要認為「我已經懂了不要緊！」便停止學習，請多多複習直到對答如流，「嘴巴也記住」為止。

③「沒發現是直覺」的陷阱

由於費米推論追究到最後，必須「跳躍」（jump），所以有「直覺」的存在。因此，必須承認「這個值是直覺，不嚴謹」，並且傳達給對方。在顧問面試時，「只好憑直覺製作值」還 OK，「沒發現是憑直覺製作值，還自以為 OK」的問題比較嚴重。

所以，必須先告知對方「這個值不嚴謹，找不到根據，所以暫時憑感覺假設」。

這麼一來，後續再「討論這個部分」就行了。

④「無臭無味的因數分解」的陷阱

只是純粹「算數性」的因數分解，就是因數分解傻瓜會掉落的陷阱。在因數分解中缺乏「現實的投射」和「商業模式的反映」，只是單純的因數分解（所以稱為無臭無味）。

各位朋友，大家已經不會中招了吧？

請編製足以反映種種要素的「濃厚」因數分解吧！

⑤「依賴年齡層分割」的陷阱

面對費米推論的問題，用「年齡層」分割區塊是一種「耍賴」，如果各位完全理解「田字格」，應該能了解「田字格」比「年齡層區隔」性感多了。

不過，還是解釋一下不用「年齡層區隔」的原因吧。舉例來說，提到「20 代」（20 ～ 29 歲），大家會想到什麼樣的人呢？

很可能是混雜著「高中畢業就工作的人」「大學生」「社會人」等。

是的，就是在分割出這種「混雜」區塊時，令人「背脊發涼」。

既然這樣，不如分割成「高中生」「大學生」「社會人」「老資格」，絕對好上百倍。

混雜＝「無法取得意義」的區塊是不行的。

另一點，這種「用年齡層分割」是問卷能取得全部數字的前提下的解法。但是費米推論應該是「基於常識・知識，以邏輯計算未知數字」才對。

所以，不能用。

⑥「沒做真實性檢查」的陷阱

費米推論並不是算出數字就「結束」了。用自己相信的因數分解算出數字後，必須深呼吸一口氣，然後進行「真實性檢查」。要不然很可能會發展出「還是太小了吧？」「這會不會太大了呀？」的情節。

但所謂用不同的因數分解試算——其實不用「正式的」真實性檢查也行。當數字算出的剎那，只要自問「這數字我感覺如何？」等簡單的真實性檢查也 OK 哦。

⑦「缺少躍躍欲試感」的陷阱

各位朋友，費米推論玩得愉快嗎？

雖說是面試，但是不是令人很興奮的遊戲？

歸根結底，這一點還是很重要。

顧問是一個反覆思索「無解答的比賽」的工作，所以必須在面試時檢驗這種「素養」。也因此，即使是面試，也要抱著

「這麼思考很好玩！」的想法，或者最少也要讓面試官覺得你表現得「躍躍欲試」。

以前，我有一位學生有意轉行當策略顧問，而他第一志願的顧問公司，用了「費米推論」來出題。

當時，主考官告訴他「請從以下兩者選擇其中一個」，提示是：

> 已做過因應對策＝網球
> 沒有做過因應對策＝機場

而他想也沒想就選擇了沒有做過因應對策的「機場」。

問他原因，他回答「因為已經解析過的題材不好玩」。

他簡直興奮到爆。
那一刻，我就感覺「他會上吧」果不其然，他真的被錄取了。現在依然是那家頂級顧問公司的高手。

反言之，也可以解釋為訓練已經讓他超越「怯戰意識」，而進入「興致勃勃」的階段了。

即使現在感到困難重重，但我希望各位仔細地閱讀本書，默背、牢記，加深理解，精通「費米推論的技術」到足以興致勃勃的地步。

這是我的請求。

07 從「我」到「我們」的「費米推論的技術」

在熟練費米推論技術的路途上，可以鍛練的元素多到驚人

從「個案面試」的腳本中，各位已體會到面試官與應試者之間的攻防。如果你是個悟性優異的人，應該已經注意到了，這些攻防就是「主管與你」，或「客戶與你」的攻防之投射。

因此，從明天起，請務必有意識地運用「費米推論的技術」去推動工作。

費米推論會成為超越邏輯思考的武器！

撰寫本書時，我強烈地感受到，費米推論是很實用的技巧。它具有實踐性，從明天起就能用在工作現場，而且還能自我檢驗「真的有確實運用嗎？」的技巧。

即使是用一個「田字格」，只要遵循步驟，就能輕鬆完成。真的是非常實用呢。

而且，在熟練費米推論技術的路途上，

- 透過投射現實、反映商業模式，「能鍛練商業眼光」
- 透過因數分解、真實性檢查，「能鍛練邏輯思考」
- 透過先說結論，結構與值分開說明的講述技巧，「能鍛練溝通力」

最重要的是，它能鍛練重要的感知力。
進而，

- 透過以邏輯和知識推測未知的數字，「能鍛練無解答的比賽的感知力」

所以，費米推論無可匹敵。而且我認為，

費米推論會成為超越邏輯思考的武器。

如果各位想要二刷重讀這本書，請不要止步於「費米推論」，務必抱著鍛練「感知力」的意志向它挑戰。

各位辛苦了！謝謝你們！

讀到這裡，容我大膽地說，你們應該愛上了「我的」費米推論世界吧。尤其這本書是我與 Socym 公司的主編一頭熱編寫完成的作品，所以格外感到開心。

再重複一次。
費米推論的世界，真的非常有意思吧。

這裡，我提出 9 個「趣味性」＝謎題，讓大家感受一下「熱愛度」，或應該說「理解度」。讀這本書前「肯定」不懂的「趣味性」，現在也許都懂了。

接下來，如果看了這 9 個謎題，而感覺

啊～我懂。
懂得一清二楚了。

用漫畫《HUNTER × HUNTER 獵人》來說，就是「祕密試驗，過關！＝學會念能力！」的意思。

各位同學，做好心理準備了嗎？
那麼，開始嘍。
「結語」才有的祕密「費米推論考試」開始！

---

1. 本書中完全沒有調查「使用費米推論算出的數字」與「現實數字」的差異並進行調整，請說明它崇高的理由。

2. 用年齡層分割？太噁心了。請用「F1層」「F2層」等行

銷專有名詞和乘法說明原因（編按：日本的廣告、行銷用語，對於閱聽者依年齡層、性別等做分類的方式。F1層是20～34歲的女性，F2層是35～49歲的女性，F3層是50歲以上的女性，各有其消費的特徵。除了F、M之外，還有C層為4～12歲的男女，T層為13～19歲的男女）。

3. 本書中談到「供給端有絕佳優勢」時，也提到「需求端在這種時候最棒」，請說明「這種時候」是哪些情況。

4. 列舉並說明因數分解時「面積方式」有用的條件，和可套用它的題材（商業例子）。

5. 前面提到「收銀機方式」的局限，請活用「供應商邏輯」的概念，說明其原因。

6. 書中有個地方會讓人不由得吐槽說：「這根本是奧坎的剃刀原理（Occam's Razor）嘛！」（譯注：14世紀英國方濟會修士提出的邏輯學法則。如果關於同一問題有多種理論，每一種都能做出同樣準確的預言，應該挑選所使用的假設最少者），請指出是哪一頁，說明其關連性。

7. 粗淺理解「田字格」的想法後，「可以分成6格而不是4格嗎？」之類的兩光言論開始流傳。請說明這種言論為什麼「兩光＝根本沒聽懂嘛～」

8. 在「福山雅治在電影《盛夏的方程式》的片酬」問題中，設定「被電影綁住的日數是14天」，請說明原因（邏輯）。

9. 當別人問到，成為顧問・商業界「必讀、愛讀書籍」的本書《費米推論》，每年可以賣幾萬本？請朗聲回答「5萬本」。請利用「費米推論的技術」說明根據何在。

忍不住想再說一次，「費米推論的技術」真的很性感啊。

超越邏輯思考的策略思考＝
「費米推論的技術」

再次深刻體會到「費米推論平平無奇，卻也不可小看」真是至理名言。

我將作為日文書副標題的「超越邏輯思考的策略思考」散置在全書各角落。同時也寫下「隱藏在費米推論根基」的原理或思想，閱讀中讀者們一定能體會或大叫：

咦，這不只限於費米推論嘛！

值得強調的點多達 5 個，如下。

① 當然，立刻閃過腦海的就是「無解答的比賽」的戰法了。對正要建立新時代的各位來說，它是不可或缺的思考技巧。

② 其次是「真實性切換」（reality switch）吧。這個詞在本書並未使用，我們將「現實的投射」、「商業模式的反映」、「社會的反映」等統稱為「真實性切換」。

③ 還有很多，我想各位很難察覺。前面在「咖啡店」「嬰兒車」的題目下，說過「如果是這種因數分解，社會就是那個樣子吧」的思考方式。這也是策略思考哦。我把它叫做「世界真美妙」。

④ 「因數分解的好・壞」的判斷標準，第2方針「與『之後的』討論的整合性」是來自「說明責任」框架的性感想法，而非「起點」框架。

⑤最後當然是這句話，「只有傳達才有意義，不討論就沒有價值」。這句話不用解釋，它就是「策略思考」的核心。

「策略思考」這個詞從很久以前就常有人說，但我想很多人都會覺得這是個「難以捉摸」，似懂非懂的世界。

所以，這一次趁著擬定「費米推論」書名的機會，希望能有助於大家對策略思考的理解。

費米推論的課程到這裡全部結束。

起立！敬禮！下課！

謝謝大家。

國家圖書館出版品預行編目資料

費米推論：最強的商業思考!學會估計市場規模,快速估算
未知數字的思考模式/高松智史著 ; 陳嫻若譯. -- 初版. --
臺北市 : 經濟新潮社出版 : 英屬蓋曼群島商家庭傳媒股份
有限公司城邦分公司發行, 2024.03
　面；　公分. -- （經營管理 ; 184）

ISBN　978-626-7195-62-8（平裝）

1.CST: 商業數學　2.CST: 商業分析　3.CST: 市場預測

493.1　　　　　　　　　　　　　　113002213